高素质农民培育系列教材

高素质农民培育读本

蔡利国　刘丽红　史晓婧　主编

中国农业科学技术出版社

图书在版编目(CIP)数据

高素质农民培育读本 / 蔡利国,刘丽红,史晓婧主编 .—北京:中国农业科学技术出版社,2020.7（2024.6重印）

ISBN 978-7-5116-4830-3

Ⅰ.①高… Ⅱ.①蔡…②刘…③史… Ⅲ.①农民教育-素质教育 Ⅳ.①D422.6

中国版本图书馆 CIP 数据核字(2020)第 111714 号

责任编辑 白姗姗
责任校对 贾海霞

出 版 者 中国农业科学技术出版社
北京市中关村南大街 12 号 邮编:100081
电 话 (010)82106638(编辑室) (010)82109702(发行部)
(010)82109709(读者服务部)
传 真 (010)82106650
网 址 http://www.castp.cn
经 销 者 各地新华书店
印 刷 者 北京捷迅佳彩印刷有限公司
开 本 850 mm×1 168 mm 1/32
印 张 6
字 数 140 千字
版 次 2020 年 7 月第 1 版 2024 年 6 月第 4 次印刷
定 价 36.00 元

《高素质农民培育读本》

编 委 会

前　言

建设社会主义新农村，发展现代农业，关键是提高农民素质，大力培育有文化、懂技术、会经营的高素质农民。

农民的“高素质”是无法用量化指标去衡量的概念，也不是固定不变的指标。它是动态变化的，是社会发展所需要的综合要求。总之，农民这一社会群体或社会阶层的群体素质，就是农民素质。高素质农民不是指一个人、两个人的素质，而是指整个农民群体的素质。

本书紧扣高素质农民“有文化、懂技术、会经营”的要求，结合各地的不同实际，比较全面系统地介绍了提高各种素质的方法和途径，既有现实性、针对性、实用性，又通俗易懂。本书包括：培育高素质农民、思想道德素养、科学文化素养、政治素质、文明礼仪、信息素质、增强法律意识、高素质农民创业创新、提高经营管理素质等内容。

编　者

2020年5月

目　录

第一章　培育高素质农民

第一节　积极探索培养高素质农民的实践路径

提高农民科技素质，培养有文化、懂技术、会管理、善经营的高素质农民，是发展现代农业、振兴乡村经济的重要举措。

一、高度重视，加强领导

加强对高素质农民培训工作的领导，成立领导组织，强化培训工作责任制，制定惠农政策。组织各类新型农业经营主体、农民专业合作社、家庭农场等参加高素质农民培训；力求培训适应需要，服务农民，具有示范和带动作用；制定培训政策，建全培训档案；加强培训责任管理工作，提高农民培训的效果。

二、标准化实施，规范性培训

根据中央一号文件和农业农村部等有关文件精神，切实抓好高素质农民培育工作，精心制定培训实施方案，认真制定培训计划，合理安排培训课程，严格按照主管部门的要求组织开展高素质农民培训。

三、创新农民教育培训的内容方式

习近平总书记指出："农村现代化既包括'物'的现代化，也包括'人'的现代化，还包括乡村治理体系和治理能力的现代化。"对此，要加大农业职业教育和技术培训力度，提高农民教育培训质量，支持小农户和现代农业发展有机衔接。要丰富农民精神文化生活，注重提升农民精神风貌。同时，也要开展全民健身，推进健康乡村建设，打造农民体育健身品牌。加强农民教育培训，也要充分发挥农广校体系和媒体资源优势，创新农民教育培训培养模式，大力发展面向乡村振兴需求的农民职业教育和农村实用人才培养，着力提高教育培训的针对性、实效性、时代性和精准性，办好让农民满意的教育培训。培训教育要适应乡村全面振兴和农民全面发展的需要，不断完善"送教下乡、农学交替、弹性学制"的农民职业教育模式、"一点两线、四大课堂、全程跟踪"的农民职业培训模式、"村庄是教室、村官是教师、现场是教材"的农村实用人才培养模式和"田间课堂+实训基地"的农业农村实用技术培训模式，深入推进线上线下融合发展。

四、健全农民教育培训的体制机制

加强农民教育培训，要健全农民教育培训体制机制，完善农村实用人才评价制度，构建"一主多元"的农民教育培训体系，充分发挥农广校等专门机构的主阵地主渠道作用，有效聚合多方资源力量。加强农广校体协体系建设，充分利用各类教育培训资源，鼓励新型农业经营主体发挥自身优势参与农民教育培训，加强跟踪服务，吸引更多农民工返乡回乡创业创新发展，为培养高素质农民队伍、助力广大农民成长成才提供良好的政策环境和制度保障。

做好农民教育培训工作，要把学习习近平总书记关于“三农”工作的重要论述作为重要政治任务，以培养高素质农民队伍、助力乡村人才振兴、促进农民全面发展为目标，以提升教育培训质量效果为关键，大力推进农民教育培训创新发展。

（一）在提质增效上下工夫

围绕农民需求开展教育培训，推进《习近平关于“三农”工作论述摘编》进头脑、进课堂、进教材；启动实施农民教育培训三年提质增效行动，着力提升教育培训的精准性、课程教材的精品性、师资教学的开放性、跟踪服务的延续性、线上培育的普及性，壮大高素质农民队伍；打造农民教育培训精品教材，开发好地方特色教材；构建“2+X+1”精品课程体系，建设一批农民教育培训示范基地，切实增强农民教育培训的时代性和精准性。

（二）在畅通提升渠道上下工夫

大力发展面向乡村振兴实际需求的农业职业教育，抓住国家职业教育改革和高职扩招的重大机遇，利用5年时间培养100万乡村振兴带头人；深度挖掘和培育一批农业行业的优秀培训评价组织，参与推进“1+X”证书制度试点；探索建立学习成果认定、积累和转换制度，将农民学习培训经历、职业技术技能、从业经历等进行学历教育学分认定，推进农民教育培训与学历教育的互融互通，支持农民通过弹性学制接受中职教育。认真总结推广地方做法经验，推动农民中高职教育和农民教育培训有机衔接。

（三）在创新培养手段上下工夫

做好农民教育培训电视节目改版制播工作，办好《田间示范秀》栏目，使内容和样态更加接地气，符合时代和农民新需求；加强农业科教云平台建设，目前注册用户超过425万人，其中，农民用户突破390万人，要完善提升功能，助力手机成为农民的“新农具”；深入推进教育培训线上线下融合发展、全媒体资源手段融合发展、农民智育体育融合发展、农民教育培训和农村实用人才培养融合发展，着力提高农民教育培训质量和水平。

五、加强政策扶持

认真贯彻落实十九大和中央一号文件精神，创新政策措施，充分利用优惠政策，加大对高素质农民的扶持力度，重点在土地流转、农业项目、农业基础设施建设、金融信贷、农业补贴、农业保险、产业扶持等方面给予优惠，支持高素质农民创办各类农业经营主体，助力乡村经济振兴。

六、合理使用培训资金

加强培训资金投入，建立项目资金专账，确保专款专用，规范使用。建立培训项目资金审计制度，切实把培训项目资金管理好、使用好，用出效益，为实施乡村振兴战略、推动农业农村现代化和全面建成小康社会做出新的贡献。

第二节　精准识别高素质农民

在抗击新冠肺炎这场战疫中，高素质农民在防疫物资捐赠、米袋子和菜篮子保供、环境卫生消杀、乡村社区村庄管护、春耕备耕生产中，成为一支听党话、跟党走、靠得住、用得上的重要力量，他们和白衣战士等参与疫情防控战斗的其他队伍一样成为最美“逆行者”。高素质农民已经成为我国农耕文化的弘扬与传承者，新技术、新品种、新模式、新业态的践行者，农村创新创业的先行者，农村产业扶贫的带领者，帮助小农户进行社会化服务的提供者，农业农村现代化的示范引领者；他们还是确保国家粮食安全和农产品有效供给的主力军，实施乡村振兴战略的生力军，传播党的政策和先进文化思想的同盟军，因此，加快就地培养一支高素质农民队伍显得尤为重要和必要。

由于我国现行法律法规政策对农民的界定多数基于城乡二元结构，随着我国户籍制度改革逐步完善到位，农民的身份界定正在向职业属性转变，法律法规政策修订完善需要一个过程，为了更好地发挥高素质农民在加快实现农业农村现代化过程中的作用，建议采取以下措施。

一、明确高素质农民的精准识别条件与程序

对年度从事农林牧渔生产劳动时间超过 200 天、收入 80%以上主要来自农业生产、服务且达到当地城镇居民人均可支配收入水平以上的规模种养者或社会化服务及劳务提供者；对兴

办新型农业经营主体、农产品商品化率超过80%以上、收入80%以上主要来自农业生产、服务且达到当地城镇居民人均可支配收入水平以上的领办者等相关条件的现代农业从业者应当界定为高素质农民。

二、明确高素质农民的权利与义务

界定高素质农民不是为了设置务农门槛，而是为了科学破解“谁来种地”重大问题的决策依据，也是精准扶持规模农业生产者和普通小农户的需要，逐步将农业扶持项目由特惠制转变为普惠制，享受惠农政策不仅要见物还要见人，真正发挥惠农政策“四两拨千斤”作用，融洽干群关系，提高政策的公开、公正、公平和透明度，降低涉农领域的廉政风险，防止少数人过度占用、浪费、消耗、荒芜农业生产资源，让高素质农民安心从事农业生产经营活动，享受诸如党代表、人民代表大会代表、政协委员的“两代表一委员”推选和劳动模范、先进人物评选等相关法律法规政策界定的“农民”应有的待遇荣誉，履行相应的社会责任和义务，带领或帮助普通小农户一起从事现代农业生产，共同致富奔小康，加快实现农业农村现代化步伐。

第三节　充分发挥高素质农民的带动作用

培养造就高素质农民队伍，要不断强化政策保障，创新平台载体，加大宣传力度，为高素质农民提供更大发展空间，发挥高素质农民熟悉农业、热爱农村、关爱农民的优势，促进其引领现代农业发展，引领乡村全面振兴，引领农民全面发展。

一、完善高素质农民发展保障措施

切实改变“只见屋不见人”的政策支持理念，在产业政策、新增补贴、土地流转、设施建设、税收保险等方面做出差异化的政策安排。加快形成由政府牵头，相关部门和单位协调配合的工作机制，构筑起集政策宣传、创业培训、项目开发、小额贷款、减免税款及跟踪扶持为一体的上下沟通、内外紧密结合、服务支撑有力的工作平台，为高素质农民发展创造有利的政策环境和制度保障，真正让农民成为有吸引力的职业，让高素质农民有自豪感、成就感和满足感。

二、创设高素质农民培养专门项目

在教育培训上，要畅通培养渠道，加快提升教育培训质量；在规范管理上，要规范项目实施，确保取得实效；在政策扶持上，要突出高素质农民示范带动作用等特点，采取产业发展扶持、帮扶带动奖励、金融保险支持、社会保障兜底等多种措施，更好地发挥各自在资金、技术、市场等方面的优势，引领、示范、带动更多的小农户和贫困户与现代农业发展有机对接，实现增收致富、共同富裕。

三、丰富高素质农民发展平台载体

支持高素质农民参加多种形式的技术技能比赛，既是自身风采的展示，又是很好的自我营销。持续办好全国农民教育培训发展论坛，在拓宽视野、转变发展观念的同时，共享经验做法，开展交流合作。促进农民成立农民合作组织，带动小农户实现抱团发展。开展丰富的农民体育健身赛事活动，为高素质农民展示自我提供更大舞台，传承优秀民族传统文化，丰富农民精神文化生活，促进农民全面发展。

四、加大高素质农民典型宣介力度

要树标杆、立典型、讲经验、推模式，日常宣传、重点宣传、点对点宣传多措并举。把典型挖掘出来，宣传推广出去，示范带动高素质农民教育培训，切实营造全社会共同关心关注并参与高素质农民培养的良好氛围，加快培养造就高素质农民队伍，强化乡村人才振兴，助力乡村全面振兴。

第二章 思想道德素养

第一节 弘扬社会公德

社会公德是人们道德素质的体现，严守社会公德是社会文明的重要标志。人们的言行举止、大事小节，都直接影响公共秩序和社会环境，涉及他人的利益和生活方式。因此，严守社会公德，应成为每个公民的自律意识。

一、社会公德的含义

总起来说，社会公德是人们在公共生活领域中的具体表现，是社会利益的共同反映，也是社会道德规范体系的重要组成部分。它是人们为维护社会生活秩序，协调人们之间的关系而形成的最简单、最基本的生活准则和行为规范。

二、严守社会公德的必要性

社会公德的核心是一个“公”字。遵守和维护社会公德不是一两个人的事情，而是全社会每个人的共同责任。广大农民群众应该自觉遵守和维护社会公德，并把它当成自己的义务和责任，这样就能扶正压邪，形成良好的社会风气。

第一，严守社会公德是“以德治国”的内在要求。随着社会的发展，特别是改革开放以来，国门打开了，进来了一些“苍蝇蚊子”，我国的传统道德观念受到了严峻的挑战。有的人贪图享乐，生活腐化、堕落；有的人拜金主义严重，一切向钱看；有的人损公肥私，为填饱私欲不惜一切手段；有的人不赡养老人，不顾亲情，上演了一幕幕家庭悲剧；有的人不团结邻里，为了小事打打骂骂，严重影响社会稳定等。这些现象充分说明了有些人的道德观念在逐步扭曲。为改变这种现状，党和国家提出了“以德治国”的方略，就是要以道德行为准则来约束全体公民，提高全体公民整体素质，只有素质提高了，才能实现“以德治国”。

第二，严守社会公德是人民群众的强烈愿望。社会公德具有广泛的群众基础，它是全体社会成员的利益反映。因此，遵守社会公德就会受到群众的支持和赞美；违背、破坏社会公德，就会遭到群众的反对。所有人都希望自己生活在一个好的环境里，这种愿望是非常强烈的。但实际上有些人做法却与初衷大相径庭。有的人一面抱怨环境卫生差，自己却随地吐痰，乱倒垃圾；一面抱怨村内街道泥泞难走，自己却又将粪、草等堆放在街上；一面感叹人情淡漠，但当遇到有人需要帮助时，又缺乏应有的热情；一面指责村级组织不为村民办事，自己又不想承担任何义务。这些使我们的社会风气受到严重影响。由此可见，讲究社会公德不仅是每一位公民的强烈愿望，更是每一名公民都应该履行的义务。

第三，严守社会公德是继承中华民族传统美德的需要。几千年的中华文明孕育了优秀的民族道德思想，如刻苦耐劳、坚韧不拔的精神，见义勇为、尊老爱幼的风尚等，需要进一步发扬光大。社会公德的继承不是一种简单的重复，随着人类社会生活的进步，它的内容也是不断丰富和发展的。例如，当人类还不知道烟草时，没有吸烟的爱好，不需要对吸烟做出道德上的规定。但随着吸烟的习惯流行起来并影响到公共卫生，人们意识到，吸烟危害自己和别人的健康，于是就对吸烟在社会公德方面做出了种种规定。

第四，严守社会公德是新时代的基本生活要求。社会公德是社会生活的共同准则，有很强的时代性。在封建社会烈妇守节是一种美德，但在民主革命兴起之后，则被认为是剥夺爱情自由的枷锁、残害妇女青春和生命的陋习。在新的时期，社会公德应该坚持以人为本，在全社会形成团结互助、平等友爱、共同前进的人际关系，这是道德建设的努力方向。例如，市委宣传部在电视台开辟了“走向文明”专题节目，就是结合时代对生活的要求，结合群众对文明的认识，引导全市人民群众远离不健康、不文明的东西，齐心协力，共同走向文明。

三、社会公德的基本要求

严守社会公德，要靠法律的约束，也要靠每个人的自觉行动。《公民道德建设实施纲要》提出的社会公德的基本要求如下。

第一，文明礼貌。社会公德要求人们在公共生活和公共场所中必须注意行为文明、礼貌待人。我国素有“文明古国”“礼仪之邦”的美称，讲究文明礼貌是中华民族的优良传统。

文明礼貌是人们互相交往的道德准则之一，提倡文明礼貌对于国力昌盛和社会安定，对于发展人与人之间的友好关系有很重要的作用。

第二，助人为乐。在社会生活交往中，每个人都会有各种各样的事情需要帮助，这就要求社会成员具有助人为乐的精神。助人为乐的行为要求主要有：别人有困难乐于相助，人们发生纠纷热情调解，别人犯了错及时指出，遇见灾难舍己相救，遇有犯罪挺身而出等。任何人，都是社会的人，都不能脱离他人的帮助而存在，也不能脱离他人的关心而生活。人与人之间，需要多一点爱心，多一点同情心。雷锋的事迹经过这么多年还给人们留下非常深刻的印象，正是他助人为乐的精神常驻在人们的心中。

第三，爱护公物。我们经常从报纸电视上看到，某地的路灯屡次被打坏、花草树木经常被攀折、井盖屡屡不翼而飞等。这些损坏公物的现象令我们气愤。对公共财物，是爱惜保护还是浪费破坏？不仅有经济意义，还有道德意义。应当看到，我们农民群众中的大多数是爱护公共财物的，但由于道德水平的差异，有些人对自己的财物爱如珍宝，对公共的东西却任意侵占损害。损害和破坏公共财产的行为从表面上看似乎是人与物的关系，实际上是损害了国家、集体和人民的利益。例如，某县是胜利油田输油管道必经之地，有个别村的村民为了赚取一点不义之财，竟在输油管道上钻孔盗油，使国家财产蒙受了巨大损失，同时也污染了当地环境，不仅损害了国家利益，也损害了自身利益。

第四，保护环境。我们都生活在一定的自然环境中，像呼吸的空气、饮用的水、种的蔬菜和粮食、劳动的田野和村庄，都是环境的一部分。环境的好坏直接影响我们的生活质量。随着社会的发展，随着生产力的日益提高，人类对自然资源的开发速度日益加快，环境污染、生态平衡的问题日趋严重。近年来，由于生态环境的破坏，致使鼠害、虫害和洪水、沙尘暴等自然灾害现象频频发生。人人必须树立环境道德意识，形成环境道德舆论。

第五，遵纪守法。要遵守党和国家制定的各项法律法规和纪律。20 世纪 90 年代末，某镇的一个村庄，连续发生多起草垛失火、菜园被毁、树苗被砍事件，谁都知道这是报复性犯罪，是丧失人性的行为。但嫌疑人在被审讯时，还声称自己没有违法，只是想给那些得罪过自己的人一点苦头尝尝。连放火是违法都不知道，这真是一种悲哀。在生活中，人与人之间存在着各种各样的联系。要使这种联系正常发展，使社会生活有序进行，人们必须遵纪守法，并且要把遵纪守法看作是自己的道德责任。

严守社会公德，是永久性的话题，需要全社会的共同努力。我们要从日常的小事做起，从我做起，从现在做起，自觉严守社会公德，为创造一个健康文明的生活环境做出自己的贡献。

第二节　严守职业道德

近几年来，农民从事的职业越来越多，有些人涌入了城市，有的进厂当工人，有的从事服务业；留在农村的，也不甘落后，有的搞科学种田，有的搞养殖，有的做起了小生意。应该说，农民的整体素质正在不断提高。但是，近年来社会上出现了一些道德滑坡的现象，其中就包括有些人不遵守职业道德，这是我们要引起重视和认真解决的问题。

一、职业道德的含义

也许有人会问，农民不上班，也有职业道德吗？当然有。不论是外出打工的农民还是在家搞个体、务农的农民，所从事的劳动，都是社会分工的一部分，其行为都应受到道德和规范的约束。农民的职业道德，简单地说就是热爱农村，热爱劳动，讲求实效，科学种田，破除迷信，树立新风。

我们在谈到农民的职业道德时，主要是指务农的农民。外出打工的农民同样要受到所从事行业的职业道德的约束。如从事建筑业的农民，就必须具有建筑工人的职业道德。

二、遵守职业道德的必要性

遵守职业道德不仅是某个人或某个行业的事情，因为各行各业的活动是相互联系和相互影响的，就像一根链条，如果某一个环节出现了问题，那么整根链条就会受影响。所以，遵守职业道德，关系重大，意义深远。

第一，遵守职业道德，有利于维护社会秩序。前一阵子报道的福建假酒事件、山西假陈醋事件、四川毒泡菜事件、南方用甲醛浸泡水产品事件等，扰乱了正常的社会秩序，给人们的正常生活带来了很大的危害。人与人之间最基本的信任都没有了，何谈正常的社会秩序？如果人人都靠坑蒙拐骗谋生赚钱，今天你骗我，明天我骗你，那么受害的将是我们每一个人。反过来，如果人人都遵守职业道德，在交往中自觉做老实人、说老实话、办老实事，用诚实劳动获取合法的利益，坚决反对弄虚作假、坑蒙拐骗、假冒伪劣，那么假货就没有市场，欺骗就会不攻自破，就会净化社会环境，形成一种“人人为我，我为人人”的良好社会风气。

第二，遵守职业道德，有利于建立诚信公平的竞争环境。现实生活中，由于对市场竞争的曲解，也由于相关的法制不够健全、监管不力等因素，市场欺骗行为时有发生。如假化肥、假农药、假种子等坑农害农现象，严重阻碍了社会主义市场经济的健康发展，损害了农民的切身利益。

社会主义市场经济要求我们讲信用、重信誉，反对弄虚作假、坑蒙拐骗、假冒伪劣，也只有这样才能建成公平竞争的社会环境，推动社会主义市场经济的健康发展。

第三，遵守职业道德，有利于农村道德建设和农民发展经济。一个行业、一个企业的信誉，关系行业、企业的兴衰成败。农民的信誉，来自他们的诚实无欺、厚道淳朴的品质，来自生产的高质量的农产品，来自他们良好的人际关系。如果每个农民朋友在生产生活中，都能尽职尽责、团结协作、互帮互助，就能形成强大的合力，必然会在整体上提高全民族的道德素质。

为促使农民进一步提升道德修养，彻底解决农村道德建设与经济发展“两层皮”问题，江西省靖安县新丰村将农村公评公议活动延伸到生产领域，与农村信用社的小额信用贷款业务相结合，进行了创评“文明信用农户”活动。诚实守信记录成了评议村民道德状况的标准之一，而农民道德情况也被纳入信用社评定农户贷款信用等级范围。道德良好以上家庭将由村道德公评公议会和农村信用社共同评选为“文明信用农户”，定期考核，动态管理。

通过创评“文明信用农户”活动，新丰村道德建设出现新气象，农业生产获得发展，农村金融安全得到保障。评选“文明信用农户”活动也使农民获得贷款，有效地解决了农民扩大生产规模时遇到的资金紧缺难题。一些村民在获得了充足的生产资金后，养殖、种茶等产业开始形成规模化。

三、遵守职业道德的基本要求

在社会主义社会，虽然职业种类很多，但都是把为人民服务作为职业活动的宗旨和灵魂，这就使社会主义职业道德在全社会范围内形成了共同的基本准则。《公民道德建设实施纲要》规定了“爱岗敬业、诚实守信、办事公道、服务群众、奉献社会”的二十字方针，确立了基本的职业道德规范。这些基本的道德规范，适应于各行各业，也适应于我们广大的农民朋友。

第一，爱岗敬业。这是社会主义市场经济条件下做好本职工作的最基本的要求。它要求从业人员对所从事的职业要有强烈的责任感、荣誉感，在各自从事的职业活动中兢兢业业，尽职尽责。农民朋友要做到“爱岗敬业”，就是要热爱劳动，以农为荣，努力学习科学文化知识，掌握现代农业科学技术，做到科学种田，发展现代农业。

第二，诚实守信。这是做人的基本准则。在现代社会中，无论是从事哪个职业的公民，在交往中都要自觉做老实人、说老实话、办老实事，用诚实劳动获取合法利益。幸福和财富必须依靠劳动才能获得，不能靠歪门邪道。各行各业的广大职工和农民朋友在生产活动中都要坦诚相见，信守承诺，诚心待客，货真价实。如果“利”字当头，弄虚作假，坑蒙拐骗，言而无信，不仅会侵害别人的利益，不能建立诚信的社会环境，就连自己的利益也会受到侵害，自己的社会活动也不会得到大家的认可，自己的经济活动也不会有市场。

第三，办事公道。办事公道，就是说我们在待人处事时要公正公平，合情合理。千万不能只顾自己的利益，而不管别人的感受。某镇由于加快发展，占用了某村大片土地。在土地占用补偿的过程中，村里的老户和新户由于不能站在公正合理的角度考虑问题，在补偿款如何分配的问题上发生了矛盾。老户认为土地是他们老一辈留下来的，补偿款不应分给外来落户的新户。而新户则认为，我们既然在村里落了户，就是该村合法村民，就应该和老户一个待遇，发一样多的钱。老户主张不给新户，说明老户考虑问题不够公道。新户主张和老户拿一样多的钱，说明新户考虑问题不够合情合理。如果我们站在一个公平、公正、合理的角度考虑问题，那么就应该是老户和新户都应该有钱，只是老户和新户的钱应该以他们在村里的居住时间和贡献大小为参考标准来分配。如果每个人都能将心比心，多为别人考虑，那么就会形成一种融洽和睦的社会氛围。

第四，服务群众。服务群众是职业道德的落脚点。你在为别人奉献、服务的过程中，同时也享受着别人对你的服务。要坚决杜绝侵害他人利益的不法行为，杜绝事不关己的思想倾向，自觉地把服务群众作为自己的最高追求，只有这样才能更好地体现人生的价值。

第五，奉献社会。奉献社会，就是不期望等价的回报，愿意全心全意为他人、为社会贡献自己的力量。奉献社会是为人民服务的最高境界，不仅需要有明确的信念，还要有崇高的行动，忘我工作的精神，兢兢业业，任劳任怨，承担起相应的社会责任，必要时牺牲局部和个人利益。在现实生活中，就有许多吃苦在前，忘我工作，不计名利，带领乡亲致富、奉献社会的农民典范。

职业道德是公民道德的重要组成部分，它关系着广大人民群众的切身利益。所以，我们广大农民都应注重自己的职业道德修养，人人讲求职业道德，做一个文明的人，做一个有益于人民的人。

第三节　传承家庭美德

一、家庭美德的含义

简单地说，家庭道德就是家教、家规。我们每个人都在家庭中生活，家庭成员之间会形成如夫妻、父子、母女、兄弟、姊妹、祖孙以及婆媳、姑嫂、妯娌等各种各样的关系。俗话说“无规矩不成方圆”，要使这种家庭关系正常化，就需要用一定的“规矩”来调整家庭成员之间的关系，规范人们的言行，以保证家庭生活的稳定和谐。这种“规矩”就是简单意义上的家庭道德。传统的家庭道德中，有许多是值得继承和发扬的，如尊老爱幼、夫妻和睦、勤俭持家、邻里团结等，也有许多是与时代格格不入的，如封建社会的“男尊女卑”、女子“三从四德”等。

家庭美德是指家庭道德达到了美好境界。其道德之美主要体现在：有文明的生活方式，浓厚的文化氛围，自由、平等的人际关系，以诚相待、友好相处的交往环境。家庭成员知书达礼，彼此能做到相互理解、相互帮助、相互支持、共同进步。这种家庭美德是生活幸福和事业成功的重要条件，对每个家庭成员的健康成长都有重要作用。

二、建设家庭美德的必要性

我国自古以来就非常重视家庭美德建设。古代有人把一生奋斗目标归纳为“修身、齐家、治国、平天下”，把“齐家”，也就是家庭建设，作为实现人生理想的重要阶段，充分说明家庭美德的重要性。封建社会一些启蒙读本，如《三字经》《弟子规》等，都用大量篇幅来讲述家庭伦理道德。中华人民共和国成立以后，党和国家多次提出加强家庭美德建设，中央制定的《公民道德建设实施纲要》更加突出强调这一问题。由此可见，家庭美德建设无论是对个人、对家庭，还是对社会都有重大意义。

第一，家庭美德建设是一个人健康成长的基础。家庭是培育一个人成长的第一所学校，个人首先在家庭获得启蒙教育，小孩会自觉不自觉地模仿大人的言行。父母的言传身教，对孩子有潜移默化的作用。良好的家庭教育，会使孩子拥有良好的道德品质，成为有益于社会的人。宋朝“岳母刺字”的故事人人皆知。岳母为了激励岳飞，在其背上刺上“精忠报国”四字。正是在这种严格的家庭熏陶下，岳飞成了抗金名将，成为人人称颂的爱国英雄。

第二，家庭美德建设是建设幸福美满家庭的需要。

幸福美满的家庭，需要的不仅是物质上富有，更需要精神上充实。在爱情方面，家庭美德提倡人们追求的是真正的爱情，婚姻建立在志同道合、情趣相投的基础上。这种正确的爱情观，会成为激励人们积极向上的精神力量。共产主义学说创始人马克思和燕妮组成的家庭并不富有，但他们一生恩爱，有共同的理想和追求，不仅事业成功，家庭也幸福美满，成为世界上伟大爱情的典范。在家庭成员关系上，家庭美德要求家庭成员和睦相处、愉快生活。这种要求有利于建设一个幸福美满的大家庭，能最大限度地满足人们在家庭中的精神需要。《朱柏庐治家格言》曾经概括出这种境界：“家门和顺，虽饔飧不继，亦有余欢。”意思是说：家庭和睦，即使晚饭接不上早饭，也是很快乐的。

第三，家庭美德建设是形成良好社会风气的需要。家庭是社会的细胞，家庭成员同时也是社会成员。一个有家庭美德的人，不仅能精神饱满、乐观积极地进行劳动和学习，为社会做出贡献，而且会把良好的品德带到社会上，影响周围的人。

第四，家庭美德建设是解决当前存在问题的重要措施。搞改革开放和市场经济，人们的家庭生活质量不断提高，许多人家庭观念发生很大的变化，也带来了许多新的问题。主要表现在以下几方面：一是离婚家庭增多。近几年来，离婚率持续上升，给子女的教育抚养带来了严重的负面影响，带来了许多社会问题。二是厌老溺幼现象严重。一些家庭对老人漠不关心，不愿奉养；对孩子视为掌上明珠，过分娇惯。有些家庭人际关系紧张。家庭暴力时有发生，夫妻互相猜疑、婆媳相处不好、兄弟姐妹因养老或分配家产等问题发生争执。三是家庭教育重智轻德。有些家长重视孩子的学习，不大关心孩子的道德品质。四是公德意识淡漠。一些家庭对周围的人和事不管不问，要么“老死不相往来”，要么为鸡毛蒜皮之类的小事争论不休。五是封建迷信盛行。拜神、算命、看风水的并不少见。不少人图谋虚荣，死要面子活受罪。尤其是在红白喜事上，喜欢大操大办。六是赌博成风。尤其农闲季节，三个一簇，五个一堆，喜欢“推牌九”“打保皇”“斗地主”，搞点金钱赌博，寻求物质刺激。以上这些问题，在很多地方都有不同程度的存在，也许有些人已经习以为常，但任其发展，后果是非常可怕的。要解决好这些问题，一方面要靠法制，另一方面要大力倡导文明、健康、科学的生活方式，切实加强家庭美德建设，从“根”上解决问题。

三、建设家庭美德的基本要求

《公民道德建设实施纲要》明确指出，要在全社会“大力倡导以尊老爱幼、男女平等、夫妻和睦、勤俭持家、邻里团结为主要内容的家庭美德，鼓励人们在家庭里做一个好成员”。这是建设社会主义家庭美德的基本要求。

第一，尊老爱幼。很多年以前，孟子就提出“老吾老以及人之老，幼吾幼以及人之幼”，意思是说尊敬自己的老人，并把这种尊敬推及别的老人；爱护自己的孩子，并把这种爱护推及别的孩子。这是中华民族的传统美德，也是一种最基本的社会要求。我国《婚姻法》把尊老爱幼纳入了法律规范，明确规定："父母有抚养教育子女的责任，子女有赡养尊敬父母的义务。"这是我们处理家庭中父母子女关系的基本准则。

尊老就是在家庭中要尊敬长辈。"可怜天下父母心"，老人为养育子女都付出了艰辛、巨大的劳动，花费了大量的精力和财力。尊敬父母、孝敬老人，是晚辈应尽的义务，中华民族自古就有尊敬老人的优良传统美德。

赡养老人，应包括物质生活和精神生活两个方面。如果只有在吃、住上供应照顾，而在情感上冷冷淡淡，这不是真正的孝敬老人，老人的心情也不会愉快。老人辛劳一生，晚年不但有一个温饱要求，而且期望得到温暖和尊重。赡养老人，是基本道德品质，也是一种社会义务。赡养老人是报答老人养育之恩的一种表现。同样的道理，我们老了也会遇到子女如何对待自己的问题，我们晚年也会有同样的心境和要求。

尊老首先要从孝敬父母开始。孝敬父母要从日常生活中的一言一行做起。如对父母讲话要有礼貌，不能当面顶撞、辱骂。外出时，要向父母打招呼，回家后，也要告知父母，以免父母担忧。遇事要多同父母商量，不能认为"父母跟不上时代了"，无视父母的意见。当自己的要求不能得到满足或与父母意见不一致时，不要大吵大闹，应耐心解释或等到父母心情舒畅时再做商量。当父母年迈多病时，要尽力奉养，料理好他们的饮食起居。俗话说"树老根多，人老话多"，晚辈不能嫌老人唠叨多事，要耐心服侍。切不可因父母多病，经济困难，再不能操持家务了，而对老人漠不关心，甚至遗弃虐待。

爱幼就是父母要爱护幼小，抚养教育子女健康成长。父母有抚养教育子女的责任和义务。既要为子女创造一个和谐愉快的家庭生活气氛，又要严格教育子女，关心他们的工作、学习，把子女培养成对社会有用的人。

父母对待子女一定要注意言传身教，讲究方式方法。要尊重子女，信任子女，关心他们的日常生活，使他们感受到家庭的温暖。对于子女的正当爱好和业余活动，不要看不惯或横加干涉。父母要团结，互相尊重，言谈举止文明大方。父母两人对子女的要求、态度要一致，这样才能树立在家庭中的威信。对待子女既不能过分溺爱，又不要打骂。疼爱子女是人之常情，而溺爱则适得其反。

俗话说“惯子如杀子”，是有道理的。相反，有人信奉“棒打出孝子”，这也是不对的。因为孩子只是怕挨打，并没有弄清错在哪里和为什么错。甚至，孩子可能迫于棍棒的威胁，养成口是心非的毛病。特别注意的是，家长切不可动不动就不让孩子吃饭或把孩子赶出家门。这样，往往会把孩子逼上邪路。对子女的要求要适当。要根据子女的年龄阶段、兴趣爱好、身体条件，在学习、家务、生活上提出相应的要求，切不可“拔苗助长”，使孩子承受过多的心理压力和负担。

古人说“养不教，父之过”，每一位父母都要把管教孩子作为一项社会责任，认真承担起来。不要借口农活忙、文化水平低，对孩子放任不管。只要对子女有强烈的责任心，就能把孩子培养成才。

第二，男女平等。我国《中华人民共和国婚姻法》（以下简称《婚姻法》）明确规定：“实行婚姻自由、一夫一妻、男女平等的婚姻制度。”这是婚姻家庭生活中必须遵守的基本准则。在家庭道德建设中，男女平等主要表现在以下几个方面。

婚姻关系要平等，实行婚姻自由。婚姻关系是以平等的人格、真挚的爱情为基础，由男女双方自主决定的，这是男女平等的前提。男女双方自主决定婚姻，任何人都不得干涉。由父母包办或买卖的婚姻是与现代文明格格不入的，也是法律所不允许的。

男女双方在家庭中的地位必须平等，实现爱情与义务的统一。我国《婚姻法》明确规定：男女双方在结婚、离婚问题上的权利和义务是平等的；夫妻之间在人身关系、财产关系上的权利和义务是平等的；父母在抚养和教育子女问题上的权利和义务是平等的；兄弟姐妹等家庭成员之间的权利和义务是平等的。这表明，作为共同生活的夫妻、家人，只有在平等的前提下，才能处理好家庭关系。有些男同志受封建残余思想的影响，仍奉行“大男子主义”，对妻子指手画脚，甚至打骂，引起妻子的不满，造成家庭矛盾，这种“夫权”思想和行为应彻底去掉。当然，随着妇女地位的提高，有些家庭“妻管严”的现象也比较严重，这同样是错误的，如不加以改正，也会造成夫妻关系的破裂。

在生儿育女问题上，要做到生男生女一个样，不能重男轻女。受封建社会“不孝有三，无后为大”思想的影响，有些人认为没生个儿子，就是绝了后代，认为“养儿不孝，是个依靠”，这实际上就是瞧不起女性。事实上，随着经济和社会的发展，女性的舞台越来越宽，发挥着越来越重要的作用。

第三，夫妻和睦。“少时夫妻老来伴”。夫妻和睦是家庭幸福的重要条件。要做到夫妻和睦就要妥善处理好夫妻之间的各种矛盾。日常生活中，夫妻之间“瓢碰锅沿”，拌嘴吵架的事经常发生，虽说有时是一些鸡毛蒜皮的小事，但处理不好也会影响夫妻关系。

日常生活中，要处理好分担家务的关系。俗话说“做饭管孩子，扫地叠被子，洗衣倒盆子，忙乎一辈子。”由此足见家务事的烦琐。夫妻双方结合，共同建立了家庭，就要共同负担家务。适合女同志干的，就由妻子承担；适合男同志干的，丈夫就主动去做，夫妻双方，同心协力，互帮互助，这样就可以避免许多纠纷。

要处理好经济这一影响夫妻关系的“热点”问题。夫妻在经济问题上要民主协商，做好计划，财务公开，统筹兼顾地安排好家庭开支。一些重大花销要共同商议，不要自作主张，不要滥吃滥花，不要背着对方攒私房钱。至于孝敬父母，给父母的资助是应该的，也是正当的，应该说在明处，互相支持。这样不仅可以避免因经济问题而争吵，而且可以使双方父母称心满意。

猜疑是夫妻关系的大敌。因无端猜疑酿成夫妻反目、家庭破裂的悲剧实在是太多了，应引以为戒，夫妻双方必须襟怀坦荡、真诚相爱。

要注意思想交流，增进夫妻感情，反对轻率离婚。夫妻之间要注意培养、保持爱情，提高生活质量。要树立共同的生活目标，寻找共同点，使家庭生活充满活力和乐趣。夫妻感情确已破裂了，在处理离婚问题上也要慎之又慎，减少对孩子、对对方、对社会造成的危害。

第四，勤俭持家。勤俭持家家业兴。有一个故事，说的是有一家哥俩，父母去世后分家，把一块写有“勤俭”二字的祖传之宝平分了。老大得了个“勤”字，老二得了个“俭”字。得“勤”字的老大确实非常勤快，但不知道节俭，收入多，开销更多，不久一贫如洗。得了“俭”字的老二成了守财奴，一分钱算了又算才用，可是光有支出没有收入，坐吃山空，不久也把老底吃光了，穷得叮当响。邻居有个老汉，看在眼里，急在心上，有一天把兄弟俩召集在一起，向他们讲了勤俭持家的道理，兄弟俩羞愧难当，又重新合成一家，把“勤俭”二字并起来又挂在堂上。没过几年，这个家又兴旺起来。这个故事使我们悟出一个道理：只有勤俭持家，才能家业兴旺。我们可以把“勤”看作家庭生财之道，把“俭”看作用财之道，只勤不俭或只俭不勤，都不会过上好日子；只有又勤又俭，才能使家业兴旺发达。

无论哪家，不管是大宗买卖，还是小本经营，收入的增加一般情况下是有限的，幻想天上掉馅饼，或像中彩票那样一夜暴富，可能性极小，但是支出却大不一样。再大的家产，花钱如流水，也会很快成为穷光蛋的。我们常常会看到这样的情况，一些收入不相上下的家庭，生活水平却差距很大，原因就是会不会持家。俗话说“吃不穷，穿不穷，算计不到要受穷”。所以勤俭持家是一门很大的学问。

第五，邻里团结。俗话说“远亲不如近邻”。邻里关系直接影响着每个家庭的生活幸福。

邻里之间要互敬互让，要互相尊重各自的生活习惯，“己所不欲，勿施于人”，不要把自己不愿意做的事情强加给别人。对邻居的老人、小孩要关心爱护，经常问候。平时邻里之间见面要打招呼或点头示意，要互相谦让。“让三分心平气和，退一步海阔天空”，不要为三把韭菜两把葱之类的小事而斤斤计较，纠缠不止。如因孩子发生争吵的情况，不要“护犊子”，更不要把孩子之间的争吵，扩大到大人之间的矛盾。

邻里之间要互相帮助。如有事相求，要热情帮助；如邻居不在，有客来访，应代为接待，不能置之不理；特别是邻居家遇到天灾人祸或者急重病情等情况时，更要挺身而出，助一臂之力。

邻里之间要宽以待人。要不损害他人利益，如垃圾、污水不能倒在邻家门口，堆放柴草不能占了别人的地方。要宽容别人，如邻居家饲养的家禽牲畜“串门串食”，要及时送还，不要“撵鸡打狗”或对禽畜进行叫骂，以免因对方不快而造成邻里之间的不和。要体贴别人，如平时请客、看电视或是娱乐，声音不能太大，以免影响邻居休息。诸如此类，虽是小事小节，也直接影响邻里和气，不可忽视。

建设家庭美德，需要我们共同参与。只要我们做到上述几点，每个家庭将会更加幸福美满，良好的社会风气也就会随之形成。

第三章　科学文化素养

科技文化素养是农民素养的重要内容，而提高农民素养是进行乡村和谐社会构建的重要途径。

第一节　提高农民的科学精神

一、科学精神的含义和特征

科学精神是人类文明中最宝贵的精神财富，它是在人类文明进程当中逐步发展形成的。

（一）科学精神的含义

科学精神是人们在长期的科学实践活动中形成的共同信念、价值标准和行为规范的总称，是人的科学文化素养的灵魂。科学精神就是指由科学性质所决定并贯穿于科学活动之中的基本的精神状态和思维方式，是体现在科学知识中的思想或理念。它一方面引领和约束科学家的行为，是科学家在科学领域内取得成功的保证；另一方面，它又逐渐地渗入大众的意识深层，成为公民文明素养的重要组成部分。

我国科学家竺可桢将科学精神与中国的“求是”传统联系起来，认为科学家应该恪守的科学精神是：“①不盲从，不附和，以理智为依归。如遇横逆之境遇，则不屈不挠，不畏强御，只问是非，不计利害。②虚怀若谷，不武断，不蛮横。③专心一致，实事求是，不作无病之呻吟，严谨整饬，毫不苟且。”概括而言，科学精神的内涵大致包括以下4个方面。

一是理性求知精神。科学精神主张世界的客观性和可理解性，认为世界是可知的，可以通过科学实验和逻辑推理等理性方法来认知和描述；坚持用物质世界自身解释物质世界，反对任何超自然的存在。爱因斯坦指出：“要是不相信我们的理论能够掌握实在，要是不相信我们世界的内在和谐，那就不可能有科学。这种信念是并且永远是一切科学创造的根本动力。”

二是实证求真精神。科学精神强调实践是检验真理的唯一标准，科学概念和科学理论必须是可证实和可证伪的。所有的研究、陈述、见解和论断，不仅都需要进行实验验证或逻辑论证，还都需要经受社会实践和历史的检验。

三是质疑批判精神。科学精神鼓励理性质疑和批判。科学不承认有任何亘古不变的教条，即使是那些得到公认的理论也不应成为束缚甚至禁锢思想的教条，而应作为进一步探索研究的起点。理论上的创新往往是建立在对现有理论的怀疑基础上的。这一精神要求不唯上、不唯书、只唯实，真理面前人人平等。科学家之所以成为科学家，并不在于掌握了别人无法反驳的真理，是因为他们一直保持理性的批判态度和对真理坚持不懈的追求。

四是开拓创新精神。科学精神崇尚开拓创新，既尊重已有认识，更鼓励发现和创造新知识，鼓励知识的创造性应用。创新是科学得以不断发展的精神动力和源泉，是科学精神的本质与核心。科技工作的创新性主要表现在提出新问题、新概念，构建新方法、新理论，创造新技术、新发明，开拓新方向、新应用。

（二）科学精神的基本特征

科学精神源于近代科学的求知求真精神和理性与实证传统，它随着科学实践的不断发展而不断丰富、升华与传播，已成为现代社会的普遍价值和人类宝贵的精神财富。一般而言，科学精神具有以下几方面的基本特征：执着探索精神、创新改革精神、重视继承精神、理性分析精神、求真求实精神、实践实证精神、民主协作精神、开放包容精神等。其精髓是实事求是，最基本的要求是求真务实，开拓创新。

科学精神的本质特征是倡导追求真理，鼓励创新，崇尚理性质疑，恪守严谨缜密的方法，坚持平等自由探索的原则，强调科学技术要服务于国家民族和全人类的福祉。科学精神倡导不懈追求真理的信念和捍卫真理的勇气，坚持在真理面前人人平等，尊重学术自由，用继承与批判的态度不断丰富发展科学知识体系；科学精神鼓励发现和创造新的知识，鼓励知识的创造性应用，尊重已有认识，崇尚理性质疑，不承认有任何亘古不变的教条，科学有永无止境的前沿；科学精神强调实践是检验真理的标准，要求对任何人所做的研究、陈述、见解和论断进行实证和逻辑的检验，强调客观验证和逻辑论证相结合的严谨的方法，科学理论必须经受实验、历史和社会实践的检验。

二、弘扬科学文化精神的重要意义

（一）有利于夯实提高自主创新能力和建设创新型国家的社会基础

自主创新能力薄弱是制约我国经济社会与科技发展的主要因素，要提升自主创新能力需要加大科技投入、建设科教基础设施，但更重要的是要用科学精神武装科技创新队伍，提升其创新的自信心与勇气；要大力传播科学精神，提倡理性思维的科学方法，夯实创新的社会基础。

（二）有利于营造加快培养创新人才的社会风尚

创新人才不仅要具备合理的知识结构和知识积累、创新的意识和能力、百折不挠的意志和毅力、正确的理想信念、远大的抱负以及合作精神，而且更要具备科学精神。可以说，科学精神是创新人才的基本素养和首要特征。没有质疑、批判、严谨、实证、开拓、创造和进取的科学精神，就不可能成为合格的创新人才。因此，要在全社会倡导尊重自主创新、支持和参与自主创新、保护自主创新的社会风尚。

三、弘扬科学精神的着力点

在人类发展历史上，科学精神曾经引导人类摆脱愚昧、迷信和教条。在科学技术的物质成就充分彰显的今天，科学精神更具有广泛的社会文化价值。路甬祥曾指出："科学精神是具有显著时代特征的先进文化"，注重创新已经成为最具时代特征的价值取向，崇尚理性已成为广为认同的文化理念，追求社会和谐以及人与自然的协调发展日益成为人类的共同追求。在当代中国，富含科学精神的解放思想、实事求是、与时俱进，已经成为党的思想路线，成为我国人民不断改革创新，开拓进取的强大思想武器。当前，为大力弘扬科学精神，应着力抓好以下几方面工作。

（一）充分认识弘扬科学精神的重要意义

弘扬科学精神，实现思想方法和思维方式现代化，不仅可以激励人们学习、掌握和应用科学，鼓舞人们不断在科学的道路上胜利前进，还能树立科学的思想方法和工作方式，做好经济、政治、文化等方面的领导工作和管理工作，同时可以大力破除长期存在的封建迷信，使人们树立正确的认知观念。

（二）加强社会责任感，注重科技伦理

科学技术是一把双刃剑，一旦被滥用，有可能对人类的生存和发展带来消极后果。科学家和工程师应有创新的兴趣与激情，更应有崇高的社会责任感。科技创新应尊重生命，尊重自然法则，尊重人类社会伦理道德，实现人与自然和谐共处；应尊重人的平等权利，不仅尊重当代人的平等权利，还尊重不同世代人之间的平等权利，实现人类社会可持续发展；应尊重人的尊严，不因种族、财产、性别、年龄和信仰而有所区别，促进人的平等自由和全面发展。

（三）把科学精神作为人才教育的重要内容

要转变教育思想、深化教育改革，加强对青少年的科学精神、科学方法教育，让他们系统掌握科学知识和创新成果，注重学习科技创新的过程，领悟前人创新的思维和方法。在青年科技人员中，应着力培养理性质疑和科学批评的精神，养成严谨治学、敏锐细致、实事求是的良好学风。在广大农民中应大

力破除封建迷信，讲科学、爱科学、学科学、用科学，用科学知识来武装头脑。

（四）要培养坚持科学精神的意识和毅力

要坚持解放思想、实事求是，勇于面对科技发展和各项工作中的新情况新问题，通过研究和反复实践，不断创新，不断前进；要热爱科学、崇尚真理，依据科学原理和科学方法进行决策，按照科学规律办事；要勤于学习、善于思考，努力用科学理论、科学知识以及人类创造的一切优秀文明成果武装自己；要甘于奉献、勇攀高峰，为祖国为人民贡献一切智慧和力量。

第二节　提高科学文化素养的策略

把我国公众培养成具有一定科学知识、科学精神的群体，既是发展的需要，也体现了以人为本的根本。提高公民科学素养，应该根据《中华人民共和国科学技术普及法》和《全民科学素质行动计划纲要（2016—2020 年）》（国办发〔2016〕10 号）的要求，遵循政府推动、全民参与的方针，营造有利于科技创新和科技进步的社会环境，提高全民科学素养。

一、全面落实科学发展和科学素质纲要

政府应当把提高公民科学素养纳入议事日程，鼓励保障公益性科普事业，制定优惠政策支持营利性的科普文化产业等，推动公民科学素养的提高。中国科协曾提出，到 2049 年中华人民共和国成立 100 年时，中国公民基本具备科学素养的远景

规划，即“2049计划”，我们要以此为目标，通过大力实施《国家中长期科学和技术发展规划纲要》和《科学素质纲要》，有计划、有步骤地推动公民科学素养的提高，以促进人的全面发展。

二、把弘扬科学精神作为提高全民科学素养的首要任务来抓

当前我国国民整体科学文化素养比较低，许多人科学精神不足，缺乏基本的科学常识，给迷信、伪科学和邪教提供了可乘之机。通过科普工作，弘扬科学精神，能够进一步提高人们的科学文化素养，帮助人们树立正确的世界观、人生观和价值观，掌握现代科学技术，激发自主创新的热情，使个人得到全面充分的发展。因此，必须把弘扬科学精神作为首要任务，通过扎实有效的工作，使科学精神在全社会得到发扬光大，渗透到生产、工作和社会生活的各个方面，融入到广大人民群众的头脑中去。

三、不断丰富提高公民科学素养的手段和措施

当今世界，科学技术日新月异，人们的生产和生活方式都在发生深刻变化，获取信息的手段也在不断更新。科普活动必须与时俱进、开拓创新、务求实效。一是内容更新。要将最新的科技成果及时传授给公众，教给他们最先进的科学知识和适用技术。要普及哲学社会科学，提高全民族的哲学社会科学素养，使广大干部群众学会用科学的方法认识自然、把握自然和社会发展的客观规律。二是形式多样。对实践中形成的行之有

效的科普活动形式要坚持和完善，同时要根据新的形势探索新途径和新方法。科普讲座、科普报告直接面对听众，便于交流，深受群众欢迎，要动员更多的科技人员到学校、工厂、农村、机关、社区、部队去宣讲科技知识。三是手段先进。要高度重视电视的科学教育功能，充分利用电视台开展科普活动，发挥现代传播技术手段的作用。青少年上网的比例很高，要加强网络科普工作，使网络成为科普活动的重要阵地。运用现代化的工具在全社会大力传播科学知识、科学精神、科学思想和科学方法，营造全社会爱科学、学科学、讲科学、用科学的良好氛围。

四、切实搞好重点群体的科学素养提高工作

根据不同层次、不同人群、不同地区的特点做好科学素养提高工作。一是广大科技人员。通过学术交流、学术报告等形式，搭建互相交流创新思维的平台。鼓励“最具创新年龄段”的年轻人形成创新思维，要不断突破原有的假设和理论，不断放宽科学研究的视野，为自主创新创造一个宽松、平和的自由环境。二是广大干部。促使他们用科学的思想和方法指导工作，提高科学决策的能力和水平。三是广大农民。通过科技下乡、科技扶贫、农函大培训、科普示范创建、农技协和农民职称评定等工作的开展，增强广大农民的创新意识和致富能力。四是广大青少年。通过举办科技创新大赛、机器人大赛、计算机奥林匹克大赛等科学探索和科学体验活动，加强创新思维教育，激发他们学科学、用科学的兴趣，培养青少年创新意识和能力。

五、进一步夯实科普工作基础

一是加强科普创作。科普创作是科普工作的基石。要增强精品意识，提高科普作品的质量，多出精品。同时加强对现有创作人员的培训，逐步培养一支了解科技发展态势、了解公众科技需要的科普创作人员队伍。二是壮大科普队伍。要组织和引导科技、教育、文化工作者投身科普事业，加强科普人才的培训，培养一批农村适用技术能手、企业技术创新的能工巧匠、青少年科普教育的优秀教师，不断壮大科普志愿者队伍，逐步建立起由科普专家、科技工作者和科普志愿者组成的专兼结合的科普工作队伍。三是加快科普设施建设。要鼓励多渠道建设科普场馆，充分挖掘和利用现有科普资源，有计划地向中小学生开放高等院校、科研院所的实验室、研发中心等设施，改善科普场所经营管理，提高资源的利用率。

第三节　职业技能素养

一、职业技能素养的基本内涵

(一) 职业技能素养的基本内涵

通俗地说，技能就是“掌握和运用专门技术的能力”。农民所应具备的技能素养，是指这一特定群体在技术、管理等方面所具有的基本品质，即必须掌握一定的农业科学技术，其中，包括农业生产技能、农业科学试验与新技术推广能力、农业经营管理能力。

1. 农业生产技能（以种植业为例）

（1）基本要求。掌握现代农业专业必备的基础知识和技能，具有科学生产、规范操作、绿色环保的意识，在农作物栽培、有害生物防治、技术引进与推广服务、农产品贮运与加工等相关领域具有熟练的技术。

（2）知识要求。

①了解植物体的基本构造及生长发育规律等知识。

②了解农业科学实验和农业推广、农业机械、植物病虫草鼠害防治、农业生物技术知识。

③掌握农作物、经济作物生产、栽培及田间管理知识。

④掌握农产品贮藏加工、农产品营销所必须的知识。

⑤掌握农作物有害生物防治技术、农药使用与经营的知识。

⑥掌握生产无公害农产品、食品安全、标准化生产等知识。

（3）技能要求。

①具有农作物生产、经济作物生产、农产品加工、农药使用与营销的基本技能。

②具有在某一领域进行集约化生产经营的能力。

③具有常用农机具的使用与维护的能力。

④农业科学实验和农业新技术推广的能力。

⑤具有植物病虫草鼠害防治、农业生物技术运用的能力。

⑥具有计算机基本操作、信息获取和分析加工与运用的能力。

2. 农业新技术、新品种应用和采用能力

(1) 基本要求。了解农业科学实验中田间试验的基本原理和方法，掌握常用田间试验和一般生物统计方法，能够进行试验结果的统计分析及总结；了解农业新技术推广的原理、程序和方法，能够进行农业新技术推广项目的制定与管理。

(2) 知识要求。

①了解农业科学实验的基本概念和基本原理。

②理解常用田间试验设计与实施方法。

③掌握田间试验的常用统计分析方法。

④了解农业科学实验的总结、鉴定、申报方法。

⑤掌握农业新技术推广的基本原理和基本方法。

(3) 技能要求。

①能够进行农业科学实验的田间试验设计。

②具有田间试验的实施能力。

③能够进行田间试验资料的收集与整理，试验结果的统计分析。

④具有农业新技术的推广能力，会进行简单的推广评价和总结。

⑤能够撰写规范实用的试验总结。

⑥具有计算机基本操作、信息获取和分析加工与运用的能力。

3. 农业经营管理技能

(1) 基本要求。农民经营管理技能是指农民根据市场需求变化来合理组织、控制农业生产的能力。掌握现代农业经营管理技能，必须掌握一定的生产经营、市场销售等方面的基本知识，包括观察与应变能力、风险承担能力、科技信息与市场信息获取能力等；要具备一定的质量意识、法制意识；了解市场经济运行的规律，掌握科学的经营观念、管理方法，能自觉地按照市场的需求来配置农业资源，开展农业生产活动与农业创新，从而适应市场竞争。经营管理是社会化生产劳动的产物，社会分工越精细，商品化生产程度越高，市场经济越发达，越需要加强经营管理。

农民的经营管理知识越丰富，参与市场竞争的意识越高，进行规模化、专业化生产经营的能力就越强，增加收入的渠道就越广。农民的经营管理技能是其经营管理素养的精神实质，主要体现在以下5个方面。

一是市场意识。农民必须具有市场意识，善于围绕市场需求组织生产，而不是困守在自己的“一亩三分地”上，日出而作，日落而息。需要将目光盯紧市场，要善于研究市场需求，善于捕捉市场机会，根据市场需求决定生产什么，生产多少，如何组织生产。

二是信息意识。农民要善于在瞬息万变的市场环境中捕捉各种有价值的信息，抢占市场先机，从而掌握生产经营的主动权。在市场环境下，信息是一种关键性的资源，对信息掌握的程度是获取市场机会的决定性因素。这要求农民通过多种渠道，采取多种方式，主动深入研究市场，搜集信息并分析信息，在对信息充分了解的基础上，做出生产经营的决策。

三是创新意识。创新是永葆市场主体生命力的能量之源，离开了创新，任何产品都将在激烈的市场竞争中被淘汰。而在产品设计或产品销售方面的创新，则往往能够为产品拓展市场带来意想不到的收益，从而大大增加产品的竞争力。

四是质量意识。在市场经济条件下，由于各种消费品都极大丰富，质量便成为特定产品和服务是否有生命力的核心因素。农民不论是生产农产品，还是从事其他行业的工作，都必须追求质量，唯有如此才能赢得顾客，获得持续增收的机会。

五是竞争意识。任何等待、依赖、消极回避的心态，都将损害市场主体的竞争力。对于农民而言，也要遵循市场机制作用的原理。农民只有培养健康的竞争意识，积极主动参与竞争，寻找机会，承担责任，才能在激烈的市场竞争中立于不败之地。

（2）知识要求。

①熟悉养殖技术、畜禽病虫害防治、畜禽繁殖、养殖业发展等知识。

②了解农业产业化经营的相关知识。

③掌握农产品营销手段、营销策略、营销技巧、营销方案制订等知识。

④了解涉农法律法规、财务管理等知识。

⑤掌握农产品流通规律、流通过程、流通程序、农产品代理技能、经纪人规则等知识。

⑥了解农业技术推广理论、推广实践、农业推广程序等知识。

（3）技能要求。

①能够对农业专业合作组织、家庭农场等相关农业经营主体进行管理。

②具有农产品加工、销售及服务的能力。

③能够分析农产品市场供求关系、农业生产要素、农业家庭经营、农业产业化发展、农业结构调整的现状和趋势。

④能运用财务管理、人力资源管理等知识，对企业内部资金、人力资源、财务等进行管理。

⑤能够运用种养殖基本知识，开展相关农业项目情况的调查、数据统计、总体评价。

⑥熟悉计算机操作，能够运用信息技术的相关知识管理产业和农产品销售服务。

二、正确处理知识与技能的相互关系

（一）立足于认识与实践的统一

农民的技能是通过体验过程和反复实践过程形成和发展的。农业科学是一门实践性很强的科学，只有通过自身的动手训练，体验活动的开始、过程和结果，才能了解和掌握活动的内容、原理和本质，掌握实施活动所要求的技能。获得技能是实践认识再实践再认识的反复过程，只有通过不断地强化训练，才能使自身的实践动手能力从掌握到熟练，从形成到发展，是一个渐进的过程。这个过程，参与一两次是不够的，需要经过反复多次才能完成。

（二）立足于知识和技能的统一

专业技能训练对于农民来说，至少要解决好怎么做和为什么这么做两个问题。只有这两个基本问题解决好了，才能把知识与技能统一起来。以灌溉为例，未及时浇水导致植物花期推迟，说明未掌握好水分与作物生长的关系，因此在浇水操作技能上，农民不仅要掌握浇水要间干间湿、浇时要浇透，利于根系吸收和作物生长，解决“怎么做”的问题，而且还要知道水分、根系生理机能、土壤结构、空气等相互作用与关系，从理论上使农民明白“为什么这样做”的问题。又如对作物进行叶面追肥，其优点是成本低、见效快、效果明显，但必须处理好与时间、气候、浓度、苗龄等方面的关系，要立足于知识和技能的统一。帮助农民处理好这类理论与技能问题，知识和能力就容易在专业领域得到统一，而这正是对农民开展专业技能训练的一个立足点、一个设计定位的目标。

（三）立足于技能与素质的融合

农民的技能素养应包括下列内涵：献身农业服务农村的稳定的专业思想、扎实宽泛的基础和专业实践能力、经营组织能力和创造能力等，其中至关重要的是学农、爱农、务农的人生理想和思想素质。我们认为，在专业技能训练的设计定位上，应当立足于技能与素质一起抓，以技能训练促进思想素质提高，以思想素质提高保证技能养成。通过专业技能训练，不仅增强动手能力，而且巩固专业技能，同时增强学农、务农、爱农的意识。

第四章　政治素质

思想政治工作为建设社会主义新农村提供强大的精神动力和思想保证。当前农村正处于深刻的社会转型时期，农村思想政治工作面临着许多新情况、新问题。加强农民政治理想修养要紧紧围绕社会主义新农村建设，以理想信念为核心，引导农民坚定建设中国特色社会主义的共同理想，为建设生产发展、生活宽裕、乡风文明、村容整洁、管理民主的社会主义新农村而努力奋斗。

第一节　新时代中国特色社会主义理论

一、习近平新时代中国特色社会主义思想是党和国家的指导思想

中国共产党第十九次全国代表大会，把习近平新时代中国特色社会主义思想确立为党必须长期坚持的指导思想并庄严地写入党章，实现了党的指导思想的与时俱进。这是一个历史性决策和历史性贡献，体现了党在政治上和理论上的高度成熟、高度自信。第十三届全国人民代表大会第一次会议通过的宪法修正案，郑重地把习近平新时代中国特色社会主义思想载入宪

法，实现了国家指导思想的与时俱进，反映了全国各族人民的共同意志和全社会共同意愿。习近平新时代中国特色社会主义思想，是新时代中国共产党的思想旗帜，是国家政治生活和社会生活的根本指针，是当代中国马克思主义、21 世纪马克思主义。

时代是思想之母，实践是理论之源。当代中国正经历着我国历史上最为广泛而深刻的社会变革，也正在进行着人类历史上最为宏大而独特的实践创新。中国特色社会主义进入新时代，这是一个需要理论而且一定能够产生理论的时代，是一个需要思想而且一定能够产生思想的时代。

中国共产党是一贯重视理论指导和勇于进行理论创新的马克思主义政党，在领导中国革命、建设、改革的长期实践中，始终坚持把马克思主义基本原理同中国具体实际和时代特征相结合，不断推进马克思主义中国化、时代化、大众化，不断开辟马克思主义发展新境界。

以毛泽东同志为主要代表的中国共产党人，把马克思列宁主义的基本原理同中国革命的具体实践结合起来，创立了毛泽东思想。毛泽东思想是被实践证明了的关于中国革命和建设的正确的理论原则和经验总结，是马克思列宁主义在中国的运用和发展。

以邓小平同志为主要代表的中国共产党人，解放思想，实事求是，开辟了社会主义事业发展的新时期，逐步形成了建设中国特色社会主义的路线、方针、政策，阐明了在中国建设社会主义、巩固和发展社会主义的基本问题，创立了邓小平理论。

以江泽民同志为主要代表的中国共产党人，在建设中国特色社会主义的伟大实践中，加深了对什么是社会主义、怎样建设社会主义和建设什么样的党、怎样建设党的认识，积累了治党治国新的宝贵经验，形成了“三个代表”重要思想。

以胡锦涛同志为主要代表的中国共产党人，坚持以邓小平理论和“三个代表”重要思想为指导，根据新的发展要求，深刻认识和回答了实现什么样的发展、怎样发展等重大问题，形成了以人为本、全面协调可持续发展的科学发展观。

党的十八大以来，以习近平同志为主要代表的中国共产党人，顺应时代发展，从理论和实践结合上系统回答了新时代坚持和发展什么样的中国特色社会主义、怎样坚持和发展中国特色社会主义这个重大时代课题，创立了习近平新时代中国特色社会主义思想。习近平新时代中国特色社会主义思想是对马克思列宁主义、毛泽东思想、邓小平理论、“三个代表”重要思想、科学发展观的继承和发展，是马克思主义中国化最新成果，是党和人民实践经验和集体智慧的结晶，是中国特色社会主义理论体系的重要组成部分，是全党全国人民为实现中华民族伟大复兴而奋斗的行动指南，必须长期坚持并不断发展。

习近平总书记是习近平新时代中国特色社会主义思想的主要创立者。在领导全党全国各族人民推进党和国家事业的实践中，习近平总书记以马克思主义政治家、思想家、战略家的非凡理论勇气、卓越政治智慧、强烈使命担当，以“我将无我，不负人民”的赤子情怀，应时代之变迁、立时代之潮头、发时代之先声，提出一系列具有开创性意义的新理念、新思想、新战略，为习近平新时代中国特色社会主义思想的创立发挥了决定性作用、做出了决定性贡献。

习近平新时代中国特色社会主义思想，坚持马克思主义立场观点方法，坚持科学社会主义基本原则，科学总结世界社会主义运动经验教训，根据时代和实践发展变化，以崭新的思想内容丰富和发展了马克思主义，形成了系统科学的理论体系。

习近平新时代中国特色社会主义思想内涵十分丰富，涵盖新时代坚持和发展中国特色社会主义的总目标、总任务、总体布局、战略布局和发展方向、发展方式、发展动力、战略步骤、外部条件、政治保证等基本问题，并根据新的实践对经济、政治、法治、科技、文化、教育、民生、民族、宗教、社会、生态文明、国家安全、国防和军队、“一国两制”和祖国统一、统一战线、外交、党的建设等各方面做出新的理论概括和战略指引。

二、坚持和发展中国特色社会主义是发展进步的根本方向

习近平总书记指出，新时代中国特色社会主义是我们党领导人民进行伟大社会革命的成果，也是我们党领导人民进行伟大社会革命的继续，必须一以贯之进行下去。我们要牢固树立坚持和发展新时代中国特色社会主义的理论勇气，着力增强坚持和发展新时代中国特色社会主义的战略定力，切实提高党领导中国特色社会主义伟大事业的能力和水平。

牢固树立坚持和发展新时代中国特色社会主义的理论勇气。马克思主义是不断发展的开放的理论，是发展的科学、发展的真理，与时俱进是其鲜明的理论品格。从本质上看，马克思主义之所以不断创新发展，源于其自身的实践性、科学性和

革命性。“守正出新”体现了坚持与发展中国特色社会主义的两个方面：坚持是发展的前提，发展是最好的坚持。习近平总书记在纪念马克思诞辰200周年大会上的重要讲话中指出：“理论的生命力在于不断创新，推动马克思主义不断发展是中国共产党人的神圣职责。”习近平新时代中国特色社会主义思想是一个划时代的科学理论体系，是当代中国马克思主义、21世纪马克思主义，是马克思主义中国化最新成果。国际共产主义运动的历史表明，科学社会主义基本原则不能丢，丢了就不是社会主义；同时，科学社会主义也不是一成不变的，而是不断发展和变化着的。当代中国的伟大社会变革，不是简单延续我国历史文化的母版，不是简单套用马克思主义经典作家设想的模板，不是其他国家社会主义实践的再版，也不是国外现代化发展的翻版。牢固树立坚持和发展新时代中国特色社会主义的理论勇气，就要坚定“四个自信”，不断为马克思主义注入新的中国元素，为开辟马克思主义中国化新境界注入强大的实践动能。

着力增强坚持和发展新时代中国特色社会主义的战略定力。党的十九大郑重宣示，经过长期努力，中国特色社会主义进入了新时代，标定了我国发展新的历史方位。新时代意味着新机遇、新挑战，同时对坚持和发展新时代中国特色社会主义的战略定力提出了新要求。从世情看，世界多极化、经济全球化、社会信息化、文化多样化深入发展，全球治理体系和国际秩序变革加速推进。同时，世界面临的不稳定性和不确定性突出。面对复杂的国际局势，我们要紧紧抓住我国仍处于自身不断发展壮大、可以大有作为的重要战略机遇期，牢牢把握构建人类命运共同体的目标追求，为推动全球治理体系向更公正合理方向发展做出积极贡献。从国情看，虽然我国仍处于社会主义初级阶段的基本国情没有变，但社会主要矛盾发生了重大变化，全面深化改革进入攻坚期和深水区，我们要以敢于啃硬骨头、敢于涉险滩的决心，义无反顾推进改革。从党情看，“四大考验”“四种危险”依然存在，全面从严治党虽然取得了阶段性胜利，但管党治党一刻也不能放松，需要继续推进全面从严治党向纵深发展，夺取反腐败斗争压倒性胜利。

三、实现中华民族伟大复兴是近代以来中华民族最伟大的梦想

习近平总书记在党的十九大报告中指出：“不忘初心，方得始终。中国共产党人的初心和使命，就是为中国人民谋幸福，为中华民族谋复兴。”“实现中华民族伟大复兴是近代以来中华民族最伟大的梦想。中国共产党一经成立，就把实现共产主义作为党的最高理想和最终目标，义无反顾肩负起实现中华民族伟大复兴的历史使命，团结带领人民进行了艰苦卓绝的斗争，谱写了气吞山河的壮丽史诗。”这些重要论断深刻揭示了中国近现代社会历史发展规律，指明了当代中国的发展走向，阐明了中国共产党与中国人民、中华民族生死相依、血肉相连，阐明了新时代中国共产党的历史使命。

四、决胜全面建成小康社会

到2020年全面建成小康社会，实现第一个百年奋斗目标，是我们党向人民、向历史做出的庄严承诺。党的十八大以来，

以习近平同志为核心的党中央着眼于进行伟大斗争、建设伟大工程、推进伟大事业、实现伟大梦想，把全面建成小康社会作为始终聚焦的战略目标，纳入“四个全面”战略布局。全面建成小康社会，在“四个全面”战略布局中居于引领地位。习近平总书记在省部级主要领导干部专题研讨班上的重要讲话中进一步对全面建成小康社会做出新阐释、提出新要求。要深入学习讲话精神，领会把握全面小康内涵要义，更好地决战决胜全面建成小康社会。

全面建成小康社会是实现中华民族伟大复兴的关键一步。全面小康和民族复兴，两者紧密联系、相互交融。全面建成小康社会是实现中华民族伟大复兴的应有之义、必经阶段和重要基础，没有全面小康的实现，民族复兴就无从谈起。今天为全面建成小康社会而奋斗，就是在为实现民族复兴而奋斗。全面建成小康社会，标志着我们向着实现中华民族伟大复兴迈出了至关重要的一步。“关键一步”之“关键”在于：其一，全面建成小康社会中的“小康”，是中华民族自古以来追求的理想社会状态，是中国人民广泛认同的幸福生活愿景。把全面小康这一根植于中华优秀传统文化的理想追求作为中国梦的现阶段目标，极具感召力、亲和力和凝聚力，容易得到最广大人民理解和支持，从而激发汇聚实现中华民族伟大复兴的磅礴力量。其二，全面建成小康社会的目标，立足于我国仍处于社会主义初级阶段这一最大国情、最大实际，并与之相符合相适应，充分体现了我们党追求远大理想与立足客观实际相统一、积小胜为大胜、积跬步致千里的战略智慧。其三，全面建成小康社会，在中国特色社会主义事业发展中具有承上启下、继往开来的作用。实现这一战略目标，是中国特色社会主义理论和实践伟大胜利的重要标志，也是“中国梦”征程上的重要里程碑。

第二节　建设新农村必须弘扬爱国主义精神

一、弘扬爱国主义精神的意义

第一，弘扬爱国主义精神，有利于激发广大农民群众发扬艰苦奋斗、自力更生的传统美德，为建设社会主义新农村提供强大的精神动力。我国是个农业大国，自古以来农民就是整个国民的主体力量，也是推动社会历史发展的主导力量。中国共产党领导中国人民推翻三座大山，取得新民主主义革命的胜利，就是依靠农民的力量，走“农村包围城市，最后夺取城市”的道路，农民在中国革命的历史上发挥了至关重要的作用。在当前建设社会主义新农村的形势下，在农村和农民中弘扬爱国主义精神、加强爱国主义传统教育，有助于调动广大农民的劳动积极性，使广大农民继续发扬艰苦奋斗、自力更生的优良革命传统，从而为社会主义新农村建设提供强大的精神动力。

第二，弘扬爱国主义精神，有利于增强广大农民的民族自豪感和凝聚力，为建设社会主义新农村提供有力的思想保证。在农村和农民中弘扬爱国主义精神，使农民了解中华民族的光辉历史和祖国的坎坷经历，了解农民自身在推动中国历史前进和革命取得成功的过程中所发挥的伟大作用，了解农民自身在当前社会主义现代化建设过程中所发挥的积极作用和承担的历史责任，有利于增强广大农民的民族自豪感和凝聚力，有利于增强农民的主人翁意识和责任意识，在社会主义新农村建设的伟大实践中统一思想、提高认识、凝聚力量、发挥作用。

第三，弘扬爱国主义精神，有利于加强党的基层组织建设和确保党的路线、方针、政策的贯彻实施，为建设社会主义新农村提供有力的组织保证和确保社会主义新农村建设的正确方向。在农村各级党组织中开展爱国主义教育，增强基层党组织为国家服务、为人民服务的意识和能力，提高基层党组织领导农民发展农村经济、提高生活水平的能力，能够确保社会主义新农村建设各项事业的顺利推进。同时，在农村和农民中弘扬爱国主义精神，有利于农民了解党的路线、方针和各项政策，确保社会主义新农村建设在党的领导下正确进行。

第四，弘扬爱国主义精神，有利于促进农村的思想道德建设和精神文明建设，提高农民素质，推动社会主义新农村建设，在农村和农民中弘扬爱国主义精神，通过各种方式让农民认识国情、了解政策、看清形势，有助于提高农民的思想道德素质和科学文化素质，提高农民的文化水平，提高农业的科技含量和农村的现代化程度，有利于推动农村的思想道德建设和精神文明建设，使社会主义新农村建设朝着快速、健康、可持续的方向发展。

第五，弘扬爱国主义精神，有利于引导形成健康文明的农村新风貌，为社会主义新农村建设创造科学、文明、民主的环境。在农村和农民中弘扬爱国主义精神，有利于匡扶正气，压制邪气，引导广大农民养成勤劳持家、科学生产、文明生活、自主自立的良好风气和习俗，摒弃农村中那些落后的、封建的恶俗，杜绝农村社会中存在的赌博、偷盗、封建迷信等种种丑恶现象，引导形成健康文明的农村新风貌，为社会主义新农村建设创造一个良好的环境。

二、继承和发扬爱国主义传统，加强爱国主义教育

在社会主义新农村建设过程中，继承和发扬爱国主义传统，应当从以下几个方面入手加强对广大农村和农民的爱国主义教育，将爱国主义教育与社会主义教育紧密结合起来，提高广大农民的思想政治觉悟，从根本上改变传统农民封闭、愚昧、落后的状况，克服小农思想的局限性，推动社会主义新农村建设的顺利开展。

第一，引导农民牢固树立共产主义的崇高理想。理想是人们为之奋斗的最终目标，社会理想、家庭理想、道德理想、事业理想等各种具体的理想形式使得人们的生活变得丰富多彩，方向明确，并充满了前进的动力。共产主义是人类历史上最美好、最科学的社会理想，中国共产党从成立之日起，就确立了为全人类最崇高、最美好、最远大的理想——为实现共产主义而奋斗。共产主义是人类历史上最科学的社会理想，它有科学的理论做指导，符合人类社会发展规律。中华民族近一个世纪以来的奋斗历程告诉我们：只有社会主义才能救中国，只有社会主义才能发展中国。因此，必须始终坚定不移地走中国特色社会主义的道路。引导农民把崇高理想和共同理想结合起来，把眼前的努力和长远目标结合起来。改革开放 40 多年来，农民的思想观念、价值观念及道德标准发生了一定程度的变化，但与形势发展变化要求相比，农民的思想文化素质普遍偏低，

农村的教育程度也不够高，因而在一些农村中很容易产生“信仰危机”。理想信念的缺失，就会滋生游手好闲、无所事事，就会信奉歪门邪道，就会给农村的发展和建设带来极大的不稳定因素。因此，要引导农民牢固树立共产主义的伟大理想和中国特色社会主义的共同理想，用崇高的理想凝聚起广大劳动人民的力量，使其积极投身于农村的生产发展，促进社会主义新农村建设。

第二，坚定农民走中国特色社会主义道路的信念。理想和信念有着深刻的内在统一性，树立了崇高的理想，就要有为之奋斗的坚定信念。社会主义信念是我们的政治信仰和世界观在奋斗目标上的集中体现，坚定社会主义信念是中国共产党人带领广大人民前赴后继、奋斗不息的精神支柱和力量源泉，也是广大劳动人民能够翻身当家做主，过上幸福美好生活的原动力。要实现祖国的强盛和民族的伟大复兴，就必须始终坚持社会主义制度及其所决定的基本原则。要建设社会主义新农村，使广大农民过上富裕文明的生活，就要使广大农民坚定走社会主义道路的信念，稳定家庭联产承包责任制和按劳分配的分配制度，保护农民的积极性，使广大农民体会到社会主义的优越性，要引导农村的广大党员和群众正确认识社会发展的客观规律和社会主义事业的长期性、艰巨性，坚定建设中国特色社会主义道路的决心和信心。

第三，加强农村党的基层组织建设和党对农村各项事业的领导。党的基本路线是建设中国特色社会主义理论和实践的总纲，毫不动摇地坚持以建设中国特色社会主义理论为指导的党的基本路线，是我们事业能够经受风险和考验，并取得最终胜利的可靠保证。我们必须坚定不移地贯彻党在社会主义初级阶段的基本路线，始终以经济建设为中心，坚持四项基本原则，坚持改革开放，为实现党在现阶段的基本纲领而奋斗，不断把建设中国特色社会主义事业推向前进。建设社会主义新农村，需要加强农村党的基层组织建设，增强基层党组织为人民服务的意识和能力，提高基层党组织领导农民发展农村经济、提高生活水平的能力。同时，在农村和农民中弘扬爱国主义精神，使农民了解党的路线、方针和各项政策，拥护党的领导，积极投身于社会主义新农村建设。

第四，强化大局意识，树立大局观念。爱国主义是凝聚和鼓舞全国各族人民团结奋斗的一面旗帜，是推动社会历史前进的巨大力量。在全面建设小康社会、建设社会主义新农村的今天，尤其需要我们把爱国热情凝聚成为社会稳定、国家发展、民族振兴而奋斗的共同意志、坚强决心和具体行动，自觉地把爱国情感同祖国的前途命运、同农村的发展紧密联系在一起。这就要求在爱国主义教育中始终牢记“发展是第一要务”这个大局，牢记紧紧把握发展的战略机遇期这个大局，牢记保持社会稳定这个大局，把爱国主义热情引导到“聚精会神搞建设、一心一意谋发展”的要求上来，引导到实现全面建设小康社会的宏伟目标上来，引导到社会主义新农村的建设上来。“发展是硬道理”“发展是中国解决一切问题的关键”，解决农村经济社会发展中面临的许多矛盾和问题，关键要靠发展，实现农业增产、农民增收、农村致富，归根结底要靠发展。因此，在农村开展爱国主义教育要树立大局观念，以促进农村发展、促进社会主义新农村建设为根本出发点和落脚点，把农民的满腔热情和劳动积极性转化为动力，转化为现实的社会生产力，这才是真正的弘扬爱国主义精神，才能使爱国主义教育真正起到应有的作用。

第三节　农民的政治参与

一、农民政治参与的特点

村民自治以来，我国农民参与政治的范围更加广泛，形式更加多样，成效更加突出，特点更加鲜明。主要有以下几个特点。

(一) 参与主体的广泛性

农民是农村民主政治建设的政治主体。不同利益的农民主体在民主政治参与过程中，必然会从各自的群体利益需要出发积极参与。这里作为农村民主政治参与的主体，不受阶层分化的影响，仍然泛指一切农村居民，被剥夺政治权利的人和精神病患者除外。包括分化后和正在分化中的农民各阶层，只不过以农业生产劳动者为主。所有农村人口，不论其是否仍然在从事农业生产劳动，在经济利益和政治权利上都仍然具有高度的一致性，因而也会在政治生活中表现出大致相同的特点。如农村干部，是半政治职业者，具有农民和干部的双重身份，既要代表广大农民反映和保护农民的利益，又要代表党和政府维护国家利益，执行各级政府的决策。但他们的主要身份仍然是农民，户口仍在农村，不是国家干部编制，并且承包责任田等。他们具体到政治参与上，既经常成为其他农民政治参与所指的对象，又经常代表广大农民成为政治参与的主体。由此可以看出，新时期农民民主政治参与是非常广泛的。

（二）参与形式的多样性

新时期我国农民民主政治参与的方式多种多样，大致来看，主要有投票活动、接触活动、投诉活动、行政复议。

1. 投票活动

投票活动若从村民自治四大民主来说，主要是民主选举和民主决策。民主政治参与以农民的选举活动为主。我们知道，选举权是宪法规定的我国公民的神圣的政治权利，是社会主义民主的重要体现，我国农民的选举权从村组干部的选举和县乡人民代表大会代表及村民代表的选举的直接实施上体现出来。以民主决策形式体现的农村公决活动，一般是在需要对某些重大事项作表决时而采用的形式，如对村规民约，农村中长期发展规划的表决等。当然有时村民对一些事发生意见分歧，相持不下时也会通过公决的方式来解决。

2. 接触活动

接触活动主要有一般反映、走访反映等。政治参与意义上的接触不包括行贿或威胁等非法的甚至是犯罪行为。它是农民个人或集体去接近干部，正式或非正式地向他们反映情况，提出意见、建议或批评，以期改变他们的工作作风，影响或改变他们的决策或决定。一般反映分为两种，一是直接向干部、领导反映情况，二是通过书信方式反映情况。它主要是针对农村一些不合理现象等提出合理化建议。上访反映是在一般反映不能达到预期目的而采用的一种政治参与方式。上访是目前农民采用较多的一种政治参与方式。上访分有序上访和无序上访，有序上访属合法、正当的方式，无序上访属制度外政治参与行为。

3. 投诉活动

随着我国农民文化水平的不断提高及新闻媒体监督作用的不断加强，不少农民通过大众传播媒体、舆论工具来表达利益，反映意见。它是一种间接性的民主政治参与，是农民民主政治参与的一种常见方式。

4. 行政复议

行政复议是指农民不服行政机关的具体行政行为，按照法定的条件和程序向做出行为的上一级行政机关提出申诉，由受理的机关对争议的行政行为进行审查、认定并做出裁决的一种活动。它是一种常见的农民民主政治参与行为，在行政复议没有结果的情况下就会出现农民与政府、国家机关或村委会等对簿公堂的诉讼活动。

（三）参与程度的深刻性

新时期，我国农民在民主政治参与上较之以前程度更为深刻。参与程度的深刻性主要从两个方面体现出来。一是主动性的参与。当前他们的参与不再停留在参加某种运动的动员性参与上，而是已经达到了为某种明确目的进行的主动性参与的水平上。二是参与形式和手段的多样化。目前农民进行民主政治参与从形式和手段上讲呈现出多样性，他们已开始用多种形式和手段进行民主政治参与，如利用行政复议、诉讼活动、新闻媒体、舆论工具等来进行民主政治参与。通过以上可以看出，新时期我国农民正在以独特的方式，在逐渐越来越深刻地让我们认识到他们的存在，表达他们的利益和要求。当代中国农民正逐渐由政治生活的边缘阶层向核心阶层转化，正在越来越深入地开始进入中国的政治生活，甚至影响中国的政治决策。

（四）参与内容的全面性

目前我国农民民主政治参与的内容越来越全面，主要从两个方面表现出来。一是从村民自治的四大民主来看，农民在民主选举、民主决策、民主管理、民主监督上越来越广泛地进行民主政治参与。二是随着我国政治、经济、文化的发展，社会的进步，农民已参与到政治、经济、文化的方方面面。随着我国经济的进一步发展，我国农村地区的各种利益冲突也逐渐明显化了，在农民个人与集体、农民与国家、集体与国家之间都存在着经常性的利益冲突。农民为了保护和表达自己的利益，必然要进行民主政治参与。我国农民目前有了越来越强的权利和利益意识，有了官民平等及公民意识，使他们敢于保护自己的合法权利，从而促使他们更深入地进行政治文化等方面的参与。

二、农民政治参与是我国民主政治建设的重要组成部分

我们党历来以实现和发展人民民主为己任。发展社会主义民主政治，建设社会主义政治文明，是我国政治体制改革的目标，也是全面建设小康社会的重要目标。扩大基层民主，是发展社会主义民主的基础性工作。我国80%以上的人口在农村。因此，发展社会主义民主政治，扩大基层民主的重点也应该在农村。在历史上，我国农村历来是家长制占主导地位，缺乏民主传统、民主作风、民主习惯，农民长期缺乏民主政治参与的意识。由于经济文化条件的制约，农民对民主政治参与淡漠，民主政治参与能力低下。因此，我国农民的民主政治参与问题

既是实践中的薄弱点，又是理论研究的薄弱点。研究农民民主政治参与的历史、现状、特点、规律，研究农民民主政治参与的运行方式，是研究我国民主政治理论的重要组成部分，是对民主政治理论研究的深入。

三、农民民主政治参与是选举付诸实施的必要前提

选举是指国家或其他政治组织依照一定的程序和规则，由全体或部分成员抉择一个或几个充任该组织某种权威职务或代表的一种政治行为。选举是民主政治的最基本的、最核心的、最关键的、最根本的政治活动，是农民民主政治参与采取的最一般、最普遍、最常见的形式。只有农民自觉自愿地参与选举活动，选举活动才能真正开展起来，才能真正选出群众称心满意的人。因此，农民参与选举的范围和程序，直接决定着选举的成效。在我们国家里，人民是国家的主人，但是人民群众不可能都进入国家机关从事管理工作，农民只能通过选举代表组成权力机关的方式来行使自己的民主权利。农民群众直接选举基层人民代表大会代表，组成基层权力机关；再由他们选举产生出席上一级的人民代表大会代表，组成各级权力机关；由各级权力机关产生各级行政机关和司法机关。村民自治，也是由全体村民选出村民委员会代表全体村民的利益进行自我管理。在召开村民大会不方便的情况下，只能召开由全体村民选出的代表组成的村民代表会议进行决策。就连村民小组的组长，也要由村民选举产生。可见，村民直接选举在民主政治中处于核心地位，在选举中处于基础地位。在这样的选举中，农民对选举的广泛而自觉地参与是保证选举成效的关键。没有农民的自

愿参与，就没有真正意义的民主选举。中华人民共和国成立以来，特别在《中华人民共和国村民委员会组织法》试行以来，我国农民民主政治参与热情的高涨，推动了农村民主选举的发展，选举的范围不断扩大，选举的组织日益严密，选举的程序逐渐完善，选举的质量不断提高，选举的结果令绝大多数村民满意。

四、农民民主政治参与是决策科学化、民主化的基础

在现代民主国家里，在信息社会里，要求决策民主化、科学化。科学化就要符合决策规律，有一套决策程序。没有民主化，就没有科学化。要科学决策还必须了解民意。为了了解人民的意愿，我们党形成了从群众中来、到群众中去的工作作风和优良传统。但是，在社会现代化的过程中，社会分化日渐突出，利益日益多样化。在多样化的利益要求不仅使决策十分复杂而且还相互矛盾的情况下，单靠领导干部的调查研究远远不能了解和反映多种利益的要求。因此，为了使决策建立在人民意愿的基础上，实现民主决策，就要靠人民群众主动地向有关部门、有关领导反映自己的利益要求，进行广泛的利益表达。这种利益要求、利益表达本身就是一种政治参与。公民政治参与的一个重要作用，就是反映公民的意愿。我国实行村民自治以来迅速发展起来的农民政治参与，使农民的意愿得到了较为充分和广泛的反映，为民主决策科学化、民主化提供了重要条件。

五、农民民主政治参与是实现人民监督权力的基本途径

我国宪法规定了人民群众的监督主体地位，即各级人民代

表大会代表受人民群众监督，各级国家行政机关、审判机关、检察机关受人民群众监督。民主监督是村民自治的“四大民主”权利之一，是当家做主本质的体现。失去制约的权力必然导致权力的滥用，权力的腐败。由于公共权力能够对社会价值进行权威性分配，因此，公共权力的私人性利用的可能性也始终存在。由于主观原因和客观原因，人民选举产生的社会公仆也会以权谋私。在经济发达地区或经济发展好的农村，村级干部腐败日益严重。因此，必须对权力进行制约，对掌权者进行有效的监督。在民主政治建设中，我国已经建立了一系列的制约权力和监督权力的制度。但是，无论是哪一种制度都需要不断完善，都要符合不断变化着的实际情况，要有效地发挥制度的作用，对权力实施真正的制约和监督，都离不开人民群众的参与。

六、农民民主政治参与是提高农民民主素质的最佳方式

读书是学习，使用也是学习，而且是更重要的学习。只有在游泳中才能学习游泳，实践才能出真知。我国农民在实际地参与民主政治建设的过程中，获得了政治知识，进一步提高了民主意识，积累了政治参与经验，提高了政治参与的技能和技巧，增强了社会主义民主政治建设的能力。一些农民由开始的动员式参与和随大流参与，变为积极参与、主动参与，由不懂得选举，到明白选举的内在联系。

七、农民民主政治参与是促进社会发展的生生不息的力量

农民是我国社会主义民主政治建设的主体，是我国民主政

治建设发展的生力军。群众是我们党的事业发展的源泉和动力，在广大人民群众积极主动参与下，我们才取得了民主革命、社会主义建设和改革开放事业的伟大胜利。农民的民主政治参与是党的群众路线的具体体现，具有深厚的哲学理论基础。农民的民主政治参与是社会主义民主制度建设的创新，新制度必将以其无限的生命力推动社会主义民主政治的发展。近几年来，我国农民的民主政治参与迅速发展，极大地推动了社会主义民主政治建设的发展，是社会主义民主政治发展的力量源泉。

八、农民民主政治参与促进了农村的社会稳定

民主政治参与的广泛、深入、有序和社会稳定是现代化进程中社会发展向政治体制提出的双重目标，它们之间具有很强的相关性。一般而言，民主政治参与是实现社会稳定的根本途径，社会稳定是实现民主政治参与的基本前提。我国正处在一个由传统的计划经济体制向现代市场经济体制转变的历史时期，市场经济的发展，出现了许多个利益不同的群体，这些不同的利益群体在根本利益一致的前提下，具体利益矛盾增多，呈现出利益多元化、矛盾复杂化的特点。不同利益群体之间的矛盾和斗争，造成了农村的社会不稳定。改革开放以来，一家一户成了一个独立的生产单位，一些农民只关心个人，不关心集体。而村干部在思想上、工作上还没有完全适应联产承包责任制以后的农村工作，仍用计划经济的思维方式和工作方法，致使干群矛盾增多，也影响了农村的社会稳定。党的十一届三中全会以来，特别是实行村民自治以来，农村的民主政治建设

有了很大发展，农民的政治参与使农民的怨气释放了出来，干部听取了群众的意见，改变了工作作风，缓和了干群紧张的关系。不同的利益群体都能在政治参与中表达自己的意愿，领导机关在决策中都不同程度的吸取了他们的意见，不同利益群体之间的矛盾也得到了一定程度的缓和。这些矛盾的缓和，使"热点"得到了冷却，使矛盾得到了处理解决。矛盾的解决，带来了农村的干群团结、群众之间的团结、不同利益群体之间的团结，使农村呈现出一派团结向上的气氛，维护了农村的社会稳定。

第五章　文明礼仪

礼仪是人们在相互交往中，为表示相互尊重、敬意、友好而约定俗成的，共同遵循的行为规范和交往程序。礼仪是人们为维系社会正常生活而共同遵循的最简单、最起码的道德行为准则。对个人来讲，礼仪是一个人思想水平、文化修养、交际能力的外在表现；对社会来讲，礼仪是精神文明建设的重要组成部分，是社会文明程度、道德风尚和生活习俗的反映。伴随着经济社会的不断发展，礼仪常识已经成为人们社会生活中不可缺少的内容，重视开展礼仪教育已成为道德实践的一个重要方面。

第一节　个人礼仪

一、手部护理

有人说，手是人的“第二张脸”，通过观察一个人的手，就可以判断其卫生习惯及内在修养，甚至对工作、对生活的态度。以秘书人员为例，在迎来送往的各种活动中有大量的礼仪行为需要手部的演示，如握手、手势等，“手部形象”不佳，整体形象将大打折扣。因此，重视手部的清洁与养护也是我们仪容礼仪的重要组成部分之一。

二、身体细节

(一) 体味

养成良好的清洁卫生习惯是维持身体气味清新的关键，我们应当做到：勤洗澡，勤换衣（包括内衣及袜子），随时关注身体有无出现异味，及时妥当处理。

(二) 汗毛

由于生理条件不同，部分女性的手臂及腿部生有过浓或过长的汗毛，为美观起见，最好是采用适当的方法脱除，也可选择较深色的丝袜遮掩腿部的汗毛。腋毛属于个人隐私，是不应当被外人或异性看见的，否则即为失礼，应引起注意。

(三) 脚部

注意保持脚部的清洁与健康，做到无异味、无疾病。脚指甲也要每周修剪一次，最好不要涂指甲油，尤其是鲜艳颜色的指甲油，让人感觉俗气、不雅观。

(四) 脖颈

平时的清洁养护不应忽略脖颈部分。对于男性而言，主要是保证清洁卫生。对于女性而言，在此基础上还要勤加护理，有人说：“颈部的皮肤最能泄露一个人的真实年龄。”因为此处的皮肤细嫩，如不给予细心的呵护，就会提早老化，与面容不协调。

三、仪态礼仪

作为无声的语言，举止在一般的情况下称为体态语言，简称体态语或体语。它的特点有两个：一是连续性，其过程连续不断，不可分割；二是多样性。人们在人际交往中，尤其是在正式场合，要遵守举止有度的原则。其含义是要求人们的举止合乎约定俗成的行为规范，做到"坐有坐相，站有站相"，具体来说，则是要求人们的行为举止要文明、优雅。

四、表情和目光礼仪

构成表情的主要因素，一是眼神；二是笑容。在千变万化的表情礼仪中，眼神和微笑最具礼仪功能和表现力。

（一）目光

1. 目光注视区域

目光的凝视区域通常分为公务凝视区域、社交凝视区域和亲密凝视区域。

(1) 公务凝视。在磋商、谈判等洽谈业务场合，眼睛应看着对方双眼或双眼与额角区域。这样凝视显得严肃、认真，公事公办，对方也会感受到诚意。

(2) 社交凝视。在茶话会、友谊聚会等场合，眼光应看着对方双眼到唇中心这个三角区域。这样凝视会使对方感到礼貌舒适。

(3) 亲密凝视。在亲人、恋人和家庭成员之间，眼光应注视对方的双眼到胸部第二粒纽扣之间的区域，这样表示亲近、友善。但对陌生人来说，则不宜采取这种方式。

2. 目光注视的方向

目光注视的方向（角度）往往能准确地表达出对他人的尊重与否。

（1）正视（平视）。表示理性、平等、自信、坦率，适用于普通场合与身份、地位平等的人之间的交往。

（2）俯视。即目光向下注视他人，一般表示对晚辈的爱护、宽容，也可以对他人表示轻慢、歧视。

（3）仰视。即抬眼向上注视他人，表示尊重与期待，适用于面对尊长之时。与人交往不要站在高处俯视他人，对长辈或上级时，站立或就坐在较低之处仰视对方，往往会赢得对方的好感。

3. 目光注视的时间

（1）谈话时，若对方为关系一般的同性，应当不时与对方双目对视，以示尊重。向对方表示关注时，如果双方关系密切，则可较多、较长时间地注视对方，注视的时间占全部相处时间的2/3，以拉近心理距离。

（2）如果对方是异性，双目对视不宜持续超过10秒钟，目不转睛或长时间地注视使对方不自在，也使自己难堪，但是如果一眼也不看对方，也是不礼貌和失礼的表现。

4. 目光注视的部位

（1）允许注视的部位一般是双眼，表示对对方的尊重。

（2）注视额头，表示严肃认真，态度端正。

（3）注视眼部到唇部，表示礼貌，尊重对方。

（4）注视眼部到胸部，多用于关系密切的男女之间，表示亲密友爱。

5. 微笑礼仪

微笑是指用不出声的笑来传递信息的表情语，面露平和欢愉的微笑，说明心情愉快，充实满足，乐观向上，善待人生，这样的人才会产生吸引别人的魅力。面带微笑，表明对自己的能力有充分的信心，以不卑不亢的态度与人交往，使人产生信任感，容易被别人真正地接受。微笑反映自己心底坦荡，善良友好，待人真心实意，而非虚情假意，使人在与其交往中自然放松，不知不觉地缩短了心理距离。工作岗位上保持微笑，说明热爱本职工作，乐于恪尽职守。特别是在服务岗位，微笑更可以创造一种和谐融洽的气氛，让服务对象倍感愉快和温暖。总的来讲，笑的时候注意 3 个方面。

（1）声情并茂。与自己的举止、谈吐相辅相成，锦上添花。

（2）气质优雅。要做到适时、尽兴并且精神饱满、气质优雅。

（3）表现和谐。要使面部各个部位运动到位，恰到好处。

第二节　出行礼仪

现代社会，人们每天都要与包括公交车、自驾轿车、火车、轮船、飞机等在内的各种各样的交通工具打交道。在乘坐交通工具时，人们必然要与陌生人有所接触，因此，了解、掌握、注意交通礼仪，并按交通礼仪的要求来支配自己的行为是非常重要的。

一、行路礼仪

行路，这里主要指人们举步行走。根据社交礼仪，行路亦须自尊自爱，以礼待人。行路不但有普遍通行的礼仪守则，而且在不同的行路条件下还有各自不同的具体礼节要求。

行路，不管是一个人独行，还是多人同行；不管是行走于偏僻之地，还在奔走在于闹市街头，都有一些基本的礼仪要求应当遵守。

（一）自我约束

行路，对一般人而言，多数情况下是一种个人及家人在室外进行的活动，并无熟人在场，缺少他人监督，行事要处处谨慎，严格约束个人行为，始终自律。

（二）互助互谅

在行路时，对于任何人，即使是一位素昧平生的人，都要相互关心，相互帮助，相互照顾，相互体谅，并且友好相待。

（三）保持适当距离

在公共场合行路，应当注意随时与其他人保持适当的距离。

社交礼仪认为，人际距离在某种情况下也是一种无声的语言。它不仅反映着人们彼此之间关系的现状，而且也体现着其中某一方，尤其是保持某一距离的主动者对另一方的态度、看法，因此对此不可马虎大意。

二、乘车礼仪

有关乘车的礼仪，主要包括乘车时的座次与礼待他人两个方面的内容。乘坐轿车与乘坐公共汽车、火车、地铁时的座次，各有不同的讲究。而轿车的类型不同，乘车时座次的排列也大为不同。

乘火车、飞机时的座次比较容易判断：靠窗一侧为上席，通道一侧为末席。而三个位置的席位，按前进方向分，朝前为上席，朝后为末席，其顺序为：朝前方、靠车窗属上席；朝后方、靠车窗居次；朝前方、靠通道再其次；6个席位当中朝后方，被夹在中间者为最末席。这种排序方式自有其中道理，基本条件是舒适度，靠窗位置便于眺望外面景致，而且不受通道一侧过往乘客的影响；其次，坐在里面不会受到邻座进出的影响。

乘坐吉普车时，前排驾驶员身旁的副驾驶座为上座，车上其他的座次由尊而卑，依次应为：后排右座，后排左座。乘坐中型或大型轿车时，通常应以距离前门的远近来确定座次，离前门越近，座次越高；而在各排座位之上，则又讲究“右高左低”，简单地讲，可以归纳为：由前而后，自右而左。

三、乘飞机礼仪

（一）提前到达机场，办好登机手续

一般来说，乘国内航班应当提前1小时到达机场，乘国际航班要提前1~1.5小时到达机场，以便留出充足的时间来办理登机手续。

（二）乘飞机的行李要尽可能轻便

登机时，手提行李一般不要超过5千克，体积不能超过规定大小，否则应将行李随机托运。目前，国内航班允许每人托运不超过20千克的行李；国际航班允许每人托运不超过30千克的行李。如必须携带较多的行李，超过规定范围的则要按规定缴纳行李超重托运费。

（三）通过安全检查门进入登机口

在通过安全检查门时，乘客应将自己的机票、登机牌、有效身份证（护照、军官证、警官证、台胞回乡证等）主动交安检人员检查，并站在规定的黄线外等待检查。检查通过进入候机厅入口时，要将随身物品及行李放到传送带上检查，检查完后注意将自己的机票、证件等物品收好，以免遗失。登机时应主动出示登机牌。

（四）应向乘务员致意

上、下飞机时，均有空乘人员站立在机舱门口迎送乘客，并向每一位通过舱门的乘客微笑问候。作为乘客，也应礼貌地向乘务员点头致谢。

四、乘客轮礼仪

人们出差、旅行或经过江河湖海时，都需要乘坐客轮，有的时候还需专门乘坐游览客轮观光游览。与飞机相比，乘坐客轮的时间一般较长，客轮的活动空间较大，也更为舒适和自由，这就更需要乘坐客轮的旅客讲究礼节。

（一）必须按舱位对号入座

客轮是按舱位等级、铺位号销售的。乘客乘船时，应提前买票，对号入铺。

（二）乘客轮时要注意公共场所的礼仪

客轮上有餐厅、阅览室、娱乐厅、歌舞厅及录像厅供乘客就餐、娱乐及消遣。风平浪静时，乘客还可到甲板上散步，享受浪漫的诗情画意。在客轮上不论参加何种活动，都要注意礼节。

(1) 到甲板上散步，碰到风浪大时要注意安全，防止摔倒，有小孩的乘客要看好自己的孩子。

(2) 吸烟的乘客不要在禁烟区吸烟，即使在吸烟区域吸烟也要特别注意烟火，严防火灾。

(3) 不要在船头及甲板上舞动丝巾，晚上不要用手电乱晃，以免被其他船误认为是在打旗语。

(4) 不能在船上相互追逐，碰到景点需要拍照时不能乱挤。

(5) 客轮上不要大叫大嚷，不能将收录音机的音响开得太大。

(6) 在船上要注意船上的忌讳，谈话时不要谈及翻船、撞船之类的话题，也不要说“翻了”“沉了”之类的语言，吃鱼时忌讳说“翻过来”等。

(7) 客轮上扶梯较陡，上下扶梯时应相互谦让和照顾。

(8) 晕船呕吐时尽量进卫生间。

第三节　公共场所礼仪

在现代社会中，人与人之间的接触和交往变得越来越密切频繁，生活中许多事情都要分工合作才能完成，可以说，我们生活在一个日益紧缩的交往空间中。公共生活礼仪就是要为我们频繁交往形成的公共生活提供一些规矩和法则。

一、公共场所礼仪的总原则

公园、商店、图书馆、博物馆、体育馆、医院、影剧院等场所，是供社会各种成员进行消费和娱乐等多种活动的场所。人们在公园漫步，在商店购物，在图书馆阅读，在博物馆欣赏文物，在体育馆观看比赛，在医院探望病人，在影剧院观看演出，这些活动常成为人们日常生活的一部分，也是大众生活的一部分。

公共场所的重要特征是它的公共性。公共场所是社会上的公众互动形成的活动场所，它不属于任何个人，相反，公共场所为社会公众而存在，为社会公众提供服务。因此，在公共场所活动的每一个人必须遵守公共场所的礼仪，维护公共生活秩序，否则，公共场所失去秩序，受到损失的是每个人。

公共场所礼仪体现社会公德，是人类文明程度的体现。在社会交往中，公共礼仪可以形成良好的人际关系，为社会公众创造一个高质量的生活环境。公共场所礼仪的总原则如下。

（一）遵守公共礼仪

公共秩序是社会公众的最低要求和需要，没有了秩序，公共的权利就无法保障，利益就要遭到损失。例如，到售票处买票，要排队；到图书馆看书，要安静；到剧院看戏，不要喧哗。即使不与别人在同一个场合，也要求符合公共礼仪，如夜深人静时，不要大声吵闹。倘若个人言行违背了礼仪要求，就可能干扰他人，破坏正常的社会生活秩序。

（二）仪表整洁、讲究卫生

讲究仪表和形体礼仪是一种社会公德。仪表整洁，不仅是对自己的尊重，也是对他人的尊重。仪表不洁会给人不愉快的感觉，也是个人没有修养、缺乏审美的反映。

讲究卫生，包括个人卫生和公共卫生两方面。这既是个人身体健康的需要，也是对社会环境这一公共产品应有的关心和责任。讲究个人卫生，就要注意个人清洁卫生，每天洗脸刷牙，勤洗澡换衣。讲究公共卫生，就不要随地吐痰，不乱扔果皮纸屑等。

(三) 尊老爱幼、礼让妇女

每个人都会变老，同样，每个人都有自己的幼年时期，老人和小孩在公共场所中都应该得到关心和照顾。人到老年，就成了身体的弱者；小孩尚未成年，心灵还较幼稚，以此而言，他们也应该得到社会公众的关心、体谅和照顾。

评价一位男士是否具有男子汉气质和绅士风度，其首要标准是是否礼让妇女，是否遵循“女士优先”原则，若不遵循这一原则，则被视为行为粗鲁、缺乏教养。女士优先原则可以体现在男女人际交往的每一处场合。如走路时，同行男士应走靠外一侧，女士则走贴近建筑物侧。上楼梯时，女士走在前面，男士走在后面，下楼梯时，则相反。男士和女士一同上车时，男士应上前几步，为女士打开车门；下车时，男士应先下来，为女士拉开车门。

二、剧场礼仪

影剧院是比较高雅的地方，也是重要的社交场所，去影剧院观看优秀文艺作品是项充满审美情趣的活动，因此要求观众的言行必须与其氛围相协调。

(一) 找座

1. 提前进场，注意礼节

去影剧院看节目，应提前两三分钟进场，从容地找到自己的座位。若有领位员，男士不必抢在前面。若没有，则由男士前面引导，女士不必自己去找寻座位。座位在中间而又早知道的话，提早一点入座，免得外边坐满了观众再穿行而影响别人。

2. 万一迟到，注意礼貌

万不得已迟到了，应客气地请求别人让道。穿过去时，最好不要翘着屁股、背对着人家，可面向或侧向别人进到自己的座位上。听古典音乐会和歌剧迟到时，应等一曲终了或幕间时再进场，以免影响他人。

如果是折叠椅，男士先替女士放下来，等她坐定，再在她的左边入座。不可将双手占住两边的扶手。

（二）观看

开演后，应全神贯注于舞台或银幕。即使有满肚的话，或进场前说了一半哽在喉咙口的，都应留在幕间休息或演出结束时再说。在观看时，注意以下事项。

1. 不评论剧情

不要对剧情或电影情节加以解释。不论多么复杂，结局都将真相大白，即使同伴真看不懂，也不喜欢别人说得太清楚，况且无论说话声多么小，旁边的观众仍会觉得十分刺耳。除了因情节有趣引起的笑声外，影院、剧院里需要绝对的安静，不需要“评论家”。

2. 不咀嚼带壳食物

带瓜子花生之类的零食进影剧场，一边观赏一边咀嚼会有很大的声响，而且果皮弄得满地，最好别带更别吃。其他的食物，撕破纸袋时也小心别弄出声音。

3. 把握鼓掌时机

去听音乐会，要等整部音乐作品演奏完毕才能鼓掌。交响乐、歌剧及一组歌曲演唱，由几个部分组成，各部分间歇时，也不宜鼓掌，以免扰乱情绪和氛围。在别人失误的时候鼓掌，是幸灾乐祸的表现；在不是精彩之处鼓掌，是无知和哗众取宠的表现。因此，要想恰到好处的鼓掌，时机一定要把握好。

(三) 退场

电影或戏剧刚接近尾声，就有一些观众站起来，忙忙乱乱地奔了出去。演完了也还可以稍坐片刻，免得拥挤。退场时，男士要为女士让路。男士还须送女士回家。男士一个人来的，碰上一个相识的女士，也可以提议送她回去。

三、参观礼仪

参观是很普遍的交际活动，在参观时先要做好准备工作。例如，选择参观对象，确定参观时间，弄清参观地点和场所，组织好参观人员。

在参观时，要认真观察，注意听讲解员介绍，并随时做好记录。

在整个参观过程中都要注意文明礼貌，如需要按顺序参观时，不要争先恐后，可排成单行或双行，依次参观。此外，还应遵守参观场所的规定和纪律，注意不该拿的东西不拿，不让碰的东西不碰，不该靠近的东西也不应靠近。在公共参观场所，要保持参观场所的整洁和安静。进入参观现场后不要大声喧闹或乱开玩笑；不要任意把果皮、纸屑等杂物抛在地上。

四、公共洗手间礼仪

洗手间是我们每天必须光顾的地方，由于公共场所的洗手间是共用的，所以在使用时必须遵守相关礼仪，以免影响下一位使用者的使用。而洗手间的使用礼仪最能体现出一个人的文明程度。

不论男女，在洗手间都有人占用的情况下，后来者必须排队等待，一般是在入口的地方，按先来后到依序排成一排。一旦有其中某一间空出来时，排在第一位的自然拥有优先使用权，这是国际通常的惯例，而不是各人排在某一间门外，以赌运气的方式等待。

洗手间最忌讳肮脏，所以在使用时应尽量小心，如果有污染也应尽可能加以清洁。有些人有不良习惯，不愿去善后，那就会殃及下一位使用者。女性卫生用品千万不要顺手扔入马桶以免造成马桶堵塞。其他如踩在马桶上使用、大量浪费卫生纸导致后来者无纸可用等行为，都是不文明的举止。

有些地方的冲水手把位置和平常所见的有所不同，但一般都是在水箱旁，有的在头顶用拉绳来拉，或在马桶后方用手拉，也有一些设置在地面上用脚踩的（实际上，用脚踩的方式应该是最符合卫生标准的）。如果怕冲水时手被污染，则不妨用卫生纸包住冲水把再冲水。用完洗手间应该故意留下明显缝隙，让后来者不需猜测就知道里面是空的。在飞机、轮船、游览车、火车等交通工具上，洗手间是男女共用的，男女一起排队是很正常的。这种情况下不必讲究“女士优先”。

每个地方的标记各不相同，国际上最通用的厕所标志是

W. C.（Water Closet）。另外，常用的标志还有 Toilet（盥洗室）、Lavatoty（厕所）、Washroom（洗手间）、Restroom（休息室）、Bathroom（浴室）。也有用图案来标识的，男厕多以烟斗、胡子、帽子、拐杖、男士头像等来表示；女厕则多以高跟鞋、裙子、阳伞、嘴唇、女士长发头像等来表示。

儿童一般是可以和父亲或母亲一起使用洗手间的。但不成文的规定是，母亲可以带着小男孩一起上女厕，没有人会介意，而父亲则不可以带小女孩上男厕。

在欧洲的一些国家，上洗手间是需要付小费的，客气一点是在出口处的桌子上摆着一个浅碟子，使用完毕可以随意放置一些铜板、硬币等当作清洁费。严格一点的，则在入门处清楚标明使用卫生间的费用，有些要事先付费。如果不付费，看守者就不替你打开锁住的厕所门。还有一些用机械投币式，即在入口设有自动投币机，投下一个铜板，旋转栅门就可以开一次。

原则上，使用完洗手间必须洗手，洗手台也会有擦手纸和烘干机。一般习惯是先用擦手纸巾擦干手，把用完的纸扔入垃圾桶后，再用烘干机把手吹干。烘干机大都是自动感应并有自动定时装置的。

如果看到洗手间地上有“Wet Floor”等字样的黄色告示牌，表示清洁工人正在进行清洁工作。这时候，你就要去找另外一个洗手间了。

第四节　餐饮礼仪

餐饮礼仪是生活礼仪中的重要内容。随着时代的变迁和人类的进步，随着餐饮文化的不断发展和成熟，最终形成了具有各国、各民族、各地区特点的餐饮礼仪。本节主要介绍中西餐基本知识、中西餐的进餐礼仪等内容。

一、中餐礼仪

中餐礼仪是中国饮食文化的一个重要组成部分。据记载，中餐礼仪始于周公，经过千百年的演进，终于形成现今大家都能普遍接受的一套中餐礼仪体系。

中餐礼仪既是古代饮食礼制的继承和发展，也是现代社会交流和沟通的需要。

中餐礼仪包括进餐礼仪、宴请礼仪、赴宴礼仪等内容，这些内容不仅存在于上层社会的社交活动中，同时也存在于民间的日常生活中。

（一）个人进餐礼仪

进餐是人们生活中不可缺少的个人活动。在通常情况下，在工作时间，人们多在食堂或小餐馆进餐，有时也会在办公地点与同事们一起吃快餐；下班或假日，有条件的人都回家用餐。无论在哪里用餐，行为举止都要文雅和礼貌。

1. 到食堂、餐馆进餐要遵循公共场合的礼仪

在食堂或餐馆用餐，用餐者首先要懂得尊重服务人员。例如，使用餐盘的用餐者，餐后要主动将餐盘送回指定地点，不要吃完就走；使用一次性餐盒的用餐者，用完后要将废弃餐盒放到指定地点。到食堂用餐的用餐者应相互尊重，用餐人多时，要排队按顺序购买食品，相互谦让，不要拥挤。

2. 进餐时要有正确的坐姿

不论是在食堂、餐馆还是在家中吃饭，都应养成良好的坐姿习惯，不能出现趴在饭桌上、蹲在凳子或椅子上、一只脚跷在凳子或椅子上等姿势。

3. 用餐时不能乱吐残渣

进餐时，一般不能将进口的食物再吐出来，如有骨头、鱼刺、菜渣等需要处理时，不能乱吐，用餐者应将骨头等残渣放在食堂或餐馆提供的备用盘里。

4. 进餐时不能发出响声

无论是吃东西，还是喝汤或酒水饮料都要尽量做到不发出响声。进餐的良好习惯要从平时培养起，如果认为没有旁人在场可以无所谓的话，碰到社交场合也将很难控制自己进餐的行为习惯。

5. 进餐时不能狼吞虎咽

进餐要文雅，不能狼吞虎咽。特别是女士，每次进口的食物不宜过大，应小块、小口地吃，以食物进口后不会使自己嘴巴变形为原则。

6. 进餐时不要喝水，不要一口饭、一口水地用餐

这种习惯不仅对消化不好，影响身体健康，同时吃相也不好，给人以狼吞虎咽的感觉。

7. 口中有食物时，勿张口说话

当口中有食物时，不要说话。含着食物说话，食物容易从口中喷出。如适值旁人问话，可等口中食物咽下去后再回答。

（二）中餐宴请礼仪

中餐宴请，是我国社交中最普遍的交流方式。宴请的形式和内容很多，小到家宴，大到国宴。在宴请的过程中，主、客双方人员的修养和气质都能在进餐的整个过程中充分体现，因此，了解中餐宴请礼仪的知识，对每一个人都是很重要的。

1. 中餐宴请时的座次

座次是中餐礼仪中最重要的组成部分。在中餐礼仪中，座次有着一定的暗示作用，通过座位的分配，可暗示出各人在宴会上的地位。

正式宴会一般都事先安排好座次，以便参加宴会者入席时井然有序。非正式的宴会不必提前安排座次，但通常就座也要有上下之分。安排座位时应考虑以下几点。

（1）以主人的位置为中心。如有女主人参加，则以主人和女主人为中心，以靠近主人者为上，依次排列。

（2）要把主宾和夫人安排在最主要的位置，通常是以右为上，即主人的右手是最主要的位置。离门最远的、面对着门的位置是上座。离门最近的、背对着门的位置是下座，上座的右边是第二号位，左边是第三号位，依次类推。

（3）在遵从礼宾次序的前提下，尽可能使相邻者便于交谈。

（4）主人方面的陪客应尽可能插在客人之间，以便与客人交谈，避免自己的人坐在一起。

较大规模的宴会，桌次是有讲究的，台下最前列的一二桌一般都是主人和贵宾的。其他每一桌中都应有一位主人或招待人员负责照应，其两侧的座位一般是留给本桌上宾的，未经邀请不要贸然入座。

家宴中，首席为辈分最高的长者，末席为辈分最低者；家庭宴请，首席为地位最尊的客人，主人则居末席。圆桌正对大门的为主客，左手边依次为2、4、6，右手边依次为3、5、7，直至汇合。

2. 赴宴者的礼仪

（1）赴宴者的仪表礼仪。宴会是一种社交活动，赴宴者应注重自己的仪表和形象。在接到请柬时，应先了解清楚宴会的档次和内容，如是较高档次的宴会，男士就应穿得正式一些，如只是一般的应酬宴会，男士只需将自己打扮得整齐大方即可；而对于女士来说，无论是什么档次的宴会，都应穿得漂亮和华丽一些，外加适当的化妆，使之显出女士的秀丽。不管是男士还是女士，参加宴会时都要保证身上没有异味。另外，要修饰头发和胡须。

（2）赴宴者的馈赠礼节。当收到一张请柬时，最好先看清楚宴请的性质（寿酒、喜酒还是孩子满月酒等），在决定赴宴后，要考虑“送礼”的问题。送礼的多少，可以看自己和主人相交的感情深浅，感情深的，礼自然就要厚一些；感情浅的，礼便可以轻一点。送什么礼物要根据宴席的性质而定。公务宴请，一般不用赠送礼物。

（3）进入宴会场所时的礼节。赴宴者到了宴会地点时，见到主人首先要说一些祝贺或感谢的话。如一时未见到主人可先与相识的朋友交谈，或找座位静坐等候，千万不要到处找主人。如看见主人在与其他客人交谈，可先示意让主人知道自己的到来，不要打断主人与他人的谈话。

(4) 参加宴会不能迟到。参加宴会，切记不要迟到。迟到是对主人和先到宾客的不尊重。万一迟到了，在坐下之前，要先向所有在场的人微笑打招呼，同时还要表示歉意。

(5) 按主人安排的座次入席。赴宴者应按主人指定的座位入座。在没有特殊安排的情况下，可不必拘泥这一点，入座前切记要用手把椅子往后拉一点再坐下。男士应主动为同去的女士将椅子拉好，女士不必自己动手拉椅子。入席后要坐得端正，双腿靠拢两足平放在地上，不宜将大腿交叠，双手不可放在邻座的椅背上或桌上。

(6) 用餐前的礼仪。菜未上桌时，不可玩弄餐具或频频起立离座，也不可给主人添麻烦。进餐前，服务员送上的第一道湿纸巾是擦手的，不要用它去擦脸；菜上桌后，要等主人招呼后才能动筷。

3. 进餐时的礼仪

(1) 席间不宜高谈阔论。进餐时，不宜高谈阔论；吃食物时尽可能将嘴巴闭合，不要发出声音。夹菜要文明，应等菜肴转到自己面前再动手；一次夹菜不可太多；用餐时动作要文雅，不要将菜、汤弄翻；喝汤时不要发出声响。

(2) 使用水盂要文雅。上龙虾、水果等时，会送上一只水盂，这不是饮料，是洗手的。洗手时只能两手轮流沾湿指头，轻轻刷洗，不要将整只手放进去。

(3) 不可对着餐桌打喷嚏。席间万一要打喷嚏、咳嗽，应马上掉头向后，拿餐巾或纸巾掩口。如果伤风咳嗽，最好不去赴宴会。

(4) 主人致辞时应表示尊重。席间如有主人向宾客致辞，应停止进食，正坐恭听。主人致辞完毕应鼓掌致谢，这是对主人的尊重。在主人致辞时，千万不可交头接耳、左顾右盼或玩弄餐具。

(5) 注意席间的礼节。席间夹菜时，筷子不可在盘中乱翻，或不顾及他人大吃、特吃自己爱吃的食品。进餐时，筷子和汤匙不能整段塞进嘴里，筷子夹菜送到牙齿，汤勺仅沾唇边即可。当菜掉到盘外后，只能将其夹来自己食用或放于残渣碟中，切记不可重放于原盘中。

(6) 不要中途退席。最好不要中途离去。若万不得已要先离去，应向同桌人说声"对不起"，同时还要郑重地向主人道歉。如有长辈在场，最好先后退两步再转身离去。

(7) 注意剔牙时的举止。用牙签剔牙应用手或餐巾纸掩住嘴巴，不要将自己的牙床全露出来，这样有失雅观。

(8) 宴会告辞礼仪。宴会完毕告辞时，应走到主人面前握手说一些感谢的话，话要简单、精练，千万别拉着主人的手说个没完，妨碍主人送客。

二、西餐礼仪

总体来说，西餐礼仪与中餐礼仪有很大区别。对于现代人来说，应了解和掌握西餐的用餐礼仪。

(一) 西餐入席礼仪

参加西餐宴会时男女宾客都应穿戴整齐、美观，特别是女性，应稍做化妆，让人感觉清新和高雅。入席时，同桌的男士应先照顾女士入席，等女士和长者坐定，再入座。无论男女入座时应由椅子的左方入座，离席时也应由椅子的左方退出。坐姿要端正，脚不可任意伸直和交叠，身体与餐桌间应保持一定距离。

（二）认识餐具及餐桌上物品的摆放

西餐餐桌上铺有桌布，并以美观、清爽为原则。按传统，正式的宴会用白色的桌布。

餐具主要包含银器、杯具和盘具等。其中银器的摆放方法为：叉具放于左侧，刀具和匙放于右侧，用餐者应按上菜顺序，由外向里启用餐具。大多数西餐或西餐宴会上只饮一种酒，酒杯置于餐刀的正上方。在宴会中，酒杯的摆放很严格，喝什么酒要用什么酒的杯具，所以，如有多种酒杯，则说明本次宴会中有多种酒。西餐中一般是喝凉水或冰水，而没有茶，所以，餐具中包括水杯。

在叉的左侧一般置有一白色托盘，当奶酪或菜送上后，用餐者可将盘挪到自己的正前方。

为了营造气氛，增添浪漫情趣，西餐餐桌上都放有小烛台。一般来说，蜡烛越长，使用的烛台越矮。餐桌上都放有一套调味品，内有胡椒粉、白糖、芥末粉、盐等。西餐餐桌上一般不摆放烟灰缸。

西餐餐桌上的餐巾可以折叠成各种形状，例如，“僧帽形”“三角形”“长方形”等。折好的餐巾可放在白托盘中。无论是正式宴会的大餐桌，还是一般的朋友会面的小餐桌，为了营造出一种浪漫的气氛，西餐桌上都放有短茎的鲜花。

（三）西餐餐具的使用方法

1. 以右手持刀

使用刀具时，应将刀把的顶端置于手掌中，用拇指抵住刀柄的一侧，食指按在刀柄背上，其余三指顺势弯曲，稍用力即可切割食品。食指不可触及或按在刀背上。刀除了可以用来切割食品外，还可以用来帮助将食品拨到叉上等。

2. 以左手持叉

与刀并用时，以左手持叉。持叉时，手应尽可能地握在叉柄的末端，叉柄依在中指上，中指以外部的无名指和小指做支撑，不要抓住整段叉柄。在不与刀并用时，叉齿可向上以铲的姿势取食品。与刀并用取食品时，正确的使用方法是：以右手持刀，左手持叉，叉齿向下，用叉固定食物，用刀切割，然后以左手用叉将食物送入口中。欧洲式的吃法是：切一块吃一块，每块不宜过大。美国式的吃法则是将食物切割好，将刀放下，右手改持叉，用右手将食物送入口中，甚至可以叉齿向上，将食物铲着送入口中。

3. 中止用餐时刀叉（匙）的摆放

如暂停用餐或用餐完毕，刀叉或刀匙应交叉置于盘中，并注意叉齿向上。

总之，西餐餐具很多，关键是掌握好刀叉的使用方法，其他餐具使用频率不高，如碰上不会使用时，可先看看别人怎样使用后再动手。

第六章　信息素质

第一节　农业经营信息来源

我们比较熟悉和经常使用的农业经营信息来源主要有广播、电视、杂志、网络、报纸等，各种信息来源有其自身的特点。

一、广播

广播的费用低，收听方便，但专业性差，有关信息很不详细，同时信息不易储存，整理不方便。

二、电视

电视的优点是直观，可以看到有关农业生产和农产品市场的实际情况。电视的天气预报不但有各项数据，而且有趋势分析，有利于农业经营管理者提前做好有关安排。目前电视中有专业的农业频道，介绍农业生产新技术、新品种、生产的经验及各地农产品市场信息等。电视信息比广播更生动，更直观，但其专业性不高，目前储存信息还比较困难。

三、报刊

有关农业的报刊特别是地区性专业报刊的针对性很强，信息量虽然小但与农业经营管理者有直接的关系，是了解当地农业生产信息的重要渠道之一。报刊方便储存，有关信息的整理、利用很方便，但信息的传递需要的时间长，工作量大，信息的时效性较差。

我国几种农业类报纸杂志列举如下。

农业类：《农民日报》《中国农村经济》《中国乳业》《甘肃畜牧兽医》《中国畜牧兽医》《吉林畜牧兽医》等。

园艺花卉类：《中国蔬菜》《蔬菜》《中国园艺文摘》《温室园艺》等。

农学农作物类：《中国农业气象》《作物学报》《中国种业》《云南植物研究》等。

粮油食品类：《农产品加工》《绿色食品》《食品科学》《中国食物与营养》等。

林业类：《中国林业教育》《林业科技开发》、《中国城市林业》《世界竹藤通讯》等。

农资农机类：《中国农业文摘——农业工程》《包装与食品机械》《农民日报》《中国农村经济》等。

水产渔业海洋类：《中国水产文摘》《中国水产科学》《中国观赏鱼》《北京水产》等。

四、书籍

书籍的最大特点是专业性强，信息比较详细。目前越来越多的出版单位考虑到农业生产的特点，出版的书籍简便易携带，有口袋书之称，这些书籍可以及时向农业经营管理者介绍有关政策、法律及农业新技术知识，受到农业经营管理者的欢迎。

五、电子媒介

与书籍相比，电子媒介的成本更低，信息量大，出版速度更快，复制更为简单，更容易普及。由于音像媒介可将有关信息以多种形式表现出来，农民更容易理解和接受，逐步成为传递某些信息的主要渠道之一。

六、网络信息

网络信息量大，选择性强，有强大的查询功能，同时可以与有关单位进行直接联系，将本单位的信息发送给有关单位。网络信息的出现在一定程度上改变了农村信息闭塞的状况，未来可能成为农村中最重要的信息渠道。

七、收集信息的方法

收集信息的方法很多，采用哪一种方法主要是根据生产经营者的规模、需要、信息带来的效益等进行选择。

八、个人收集或专人收集

个人收集是个人在工作之中以及工作之余收集的各类农业经营信息。

对于部分重大信息，对于影响企业经营管理的至关重要的信息，对于经常变化的信息等，个人兼业收集可能效果较差。这类信息需要有专人负责收集。

无论个人收集或者专人收集，常用的方法有如下几种。

（一）市场调研

市场调研分为二手资料调研和实地调研。二手资料调研是对已经存在并已为某种目的而收集起来的信息进行的调研活动，也就是对二手资料进行搜集、筛选，并加以使用。这一方法方便、快捷、效率高、花费时间少，但同时具体性差，难以收集到针对性强的资料，且资料的可靠性差。实地调研是指由调研人员亲自搜集第一手资料的过程。实地调研的方法主要有访问法、观察法和实验法三种。在一些情况下，二手资料调研无法满足调研目的，就需要适时地进行实地调研来解决问题，取得第一手的资料和情报。

（二）专题讲座

目前，一些农业科研单位或企业为了推广其技术和产品经常到农村举行各种专题讲座。这类讲座主讲人往往是专家，可针对不同的听众调整讲座的内容。许多农业技术的讲座是免费的，有些仅收取少量的费用，个别讲座甚至向听众付费或免费提供一餐。其中不少讲座提供的信息对农业生产有较大的帮助，有些信息解决了部分农业生产单位的难题。

（三）参观考察

为了宣传农业的新技术、新成果，每年我国及各地都有专业的和综合的农业展览会或有关农业中某一行业或产品的展览会、展销会等。在这些展览会、展销会上集中反映了农业生产和销售的有关信息，同时还可与有关方面进行交流，实地考察可以得到更丰富的信息。

九、委托收集

有些信息对于农业生产经营单位有着特别重大的意义，同时这些信息又不能从公共媒体中及时准确地获得，此时就需要委托有关单位或个人专业完成信息的收集工作。特别是产品以销往外地或国外为主的生产单位，要及时、准确掌握外地、外国的市场行情，可以通过付费的方法，委托当地的人员或单位完成信息的收集工作。

十、购买信息

目前社会上有专业的信息中心、咨询中心等。这些单位的主要业务是为有关企业或个人收集其所需要的信息。这些单位的专业性比较强，信息渠道广，经验比较丰富，通过合同可以对其工作提出明确的要求，购买的信息比较可信。在进行生产经营重大决策，如项目可行性研究以及投标等时，通过购买获取完整的信息，常常有较好的效果。

第二节 农业信息的采集

一、农业信息采集的方法

信息采集有多种方法，每种方法都有自己的适应范围，对农村信息员来讲，多是采用调查法，提倡要深入第一线，观察访问，做到腿勤、耳勤、口勤、手勤，掌握第一手资料。在信息采集方法的选择上，要贯彻经济性原则，什么方法简捷就采用什么方法。

（一）网络采集法

网络采集法即通过信息网络采集信息。对于需要定期在固定网站上采集的特定信息，可以利用网络机器人 Robot 定时在指定网站上自动抓取，如“中国农业信息网”上发布的每日全国各地的农产品价格信息。Robot 有时也称为蜘蛛（Spider）、漫游者（Wanderer）、爬虫（Crawl）或蠕虫（Worm）等，是一种能够利用文档内的超级链接递归地访问新文档的软件程序。该程序以一个或一组指定的 URL 为浏览起点，按某种算法进行远程数据的搜索与获取，每访问一个页面，就自动提取该页面中出现的所有新的 URL，然后再以这些新的 URL 为起点，继续进行访问，直到出现没有满足条件的新 URL 或达到一定的限度（遍历站点的深度）为止。然后根据 HTML 标题或者分析整个 HTML 文档对所有单词建立本地索引，并产生本地数据库。对于需要定期在固定网站上采集的数据，如采集来自各大主流媒体网站的农业新闻，可以利用 Robot 每天定时在指定网站上抓取，可以离线一次性下载相关的网页，将这些网页经过筛选、分类、排序后存放在本地服务器上，工作人员再访问本地服务器获取相关数据。把 Robot 作为信息收集的手段，具有自动性，由于访问的是本地服务器，因此浏览速度快，使用方便，增强了信息采集单位搜索收集信息的能力，可以在较短的时间内、较大的范围内收集文档信息。

但是，这种自动抓取的内容重点不突出，缺少对信息类型的准确划分，还需要人工干预，如采集外埠信息，就可以采用这种方法。

(二) 会议采集法

会议采集法即从各种会议上采集信息。现在一般会议都有材料，我们可将材料中有价值的东西加工成信息；没有会议材料的要做好记录。如情况允许，还可以用录音等方式把会议情况保存下来，从中加工出有用的信息。

(三) 调查采集法

调查采集法即通过调查研究来采集信息。调查研究是提高信息质量、挖掘高层次信息的主要手段，同时也是提高信息工作者业务素质的有效途径。信息采集的过程，实质上是调查的过程。通过超前性调研，可以了解、分析事物的现状及发展趋势，抓好预测性信息；通过跟踪调研，可以使信息采集反馈保持连续性；通过综合调研，可以采集一些带有全局性、宏观性和重大情况及问题的综合性信息。调查采集法又可分为以下几种。

1. 访问法

电话及手机采集法即调查者与被调查者通过电话或手机交谈来采集信息。如采集各地农产品供求方面的信息，就可以采用这种方法。

2. 观察法

借助自己的感觉器官和其他辅助工具，按照一定的目的和计划，对确定的自然现象或社会现象进行直观的调查研究。如采集农作物生长情况方面的信息，就可以采用这种方法。快速、有效地采集和描述影响作物生长的田间信息，是开展精细农业实践的重要基础。随着现代信息技术的不断发展，田间信息采集技术也在快速发展和不断更新。

3. 书面采集法

通过调查者向被调查者发放收集材料、数据、图表、问卷来采集信息。如采集群众对某项政策是否拥护等民情、社情方面的信息，就可以采用这种方法。

（四）电话传真采集法及手机在农业信息采集中的作用

电话传真采集法即通过打电话、发传真来采集信息。在通过电话、传真索取信息时，要向被索要单位讲清报送的重点和把握的角度。

农村的信息化程度将决定整个中国的信息化进程，但是现在广大农村却依然处于信息不畅通、信息滞后、信息错位的状态，由此也导致了农村经济发展的滞后。由于经济状况、消费水平、思想观念等因素的影响以及传统媒介在农村的信息传播中有着自身不能克服的缺陷，如反馈性差、服务个性化不强等，农民不是很依赖传统媒介。他们需要一种简单、明了、实用、最好是能“一对一”的信息传播工具。而手机的一些特征，弥补了传统媒介的一些欠缺，正符合农民对传播工具的要求，所以对于农民来说手机无疑是一种很好的传播工具。

1. 传统传播工具在农村信息化传递中的现状

农村中电视的主要功能是“消遣娱乐、打发时间”，农村受众观看的电视节目以电视剧居多。有调查显示，某省某农村全村 250 多户，电视的拥有量达到 99%，但是接入有线的却只有 20%，其他用户收视的频道只有央视一套和央视六套，再就是几个省的卫视和地方频道。由于受众的心理需求等原因，这个村的农民每天通过电视平均获取新闻的时间不足半小时。

广播的现实情况也令人不容乐观。除技术因素的影响外，广播内容也是针对城市居民居多。再加上广播在视觉、图画上的空白，对于文化程度不高的农民来说，他们更愿意看电视。据调查显示，农村中“几乎每天听”和“每周有几次听”广播的受众均仅为5.6%，在农村受众接触媒体频率中，排序大致为电视、广播、书籍、报纸、杂志。

受教育水平的限制，再加上报刊发行的原因，我国目前农民读报率只有10.4%，每天平均9.5分钟也就不足为奇了。与五六千万农民听不到广播、看不到电视相比，农村中读不到报纸、没有看过报纸者为数更多。也有调查显示，农村有的地区读报活动，已经排在了看电视、串门聊天、走亲访友、体育锻炼、读书等活动之后。业余活动不诉求于报纸，除经济、文化等因素外，无报可读也是一个重要原因。

对农村而言，网络媒体是一个全新的概念。据一项调查显示，普通的农村受众对网络媒体的接触几乎是一片空白。目前在农产品的销售、农业技术的学习、信息的获取等方面，古老的人际传播作用仍占很大比重。

2. 手机在农村信息化传播中的优势和不足

传统媒体报纸、电视、广播在传播信息过程中有很多缺陷，如互动性差等，而网络媒体虽然能弥补传统媒体的缺陷，但由于其价格及基础设施的不健全，它在农村的作用目前也很有限。

手机作为新时代高科技的产物，是在电信网与计算机网融合的基础上发展起来的，它是最新移动增值业务与传统媒体的结晶，有人称之为“第五媒体”，在农村信息传播中具有重要的作用。

一是买一部手机比较符合农民的消费观念。手机的持久耐用性以及价格的频频下降符合农民的消费观念，所以他们还是很乐意买一部手机。现在一些地方已经出现了不少“手机村”。

二是对农民来说，手机是一种简单、方便、不用怎么花费脑筋的传播工具。传播学者施拉姆提出，人们选择不同的传播途径，是根据传播媒介及传播的信息等因素进行的，而在其他条件完全相同的情况下，他们则选择最容易满足其需要的途径。从农民需求的角度讲，他们需要的是简单、明了、实用、针对性强的信息及信息发布方式，而手机的特征正好也符合了农民的需求心理。

三是手机的移动性、传播范围广，不受时间、地域的限制。手机的这个特点刚好弥补了农民分布得比较广、散的特点，只需要不到一秒，千百万农民的信息需求就能得到满足。

四是手机媒体在交互性方面也有着传统媒体无法比拟的优势。传统媒体的主要缺点之一就是信息反馈差，而且是事后的，往往无法满足农民的需求。现在随着手机技术的发展，尤其是智能手机的大量普及，手机具备了无线接入互联网的功能，更人性化和开放性的操作手机，农民可以很快上手，因此，在需要时，可以主动地咨询、发布信息，这正是手机媒体在农村信息传播中最大的优势。

五是手机传播的个性化，针对性强。手机现在就是个人消费品，手机特征更符合信息服务个性化、针对性的发展趋势。手机媒体所拥有的技术平台足以保证其在农村中“一对一”地满足农民的信息需求。例如，农民可以通过手机订阅新闻，即时了解到国内、本地的新闻。

依靠手机为农民传递信息，有时出现的问题也是不能回避的：农民在利用手机获取信息时由于其文化水平较低，接受新事物的能力较慢，手机的优点不会很快显露出来；现在农民的信息意识还不很强，辨别信息的可用性能力也不强，手机信息的大批量传播会让农民有应接不暇之感，甚至会错误使用等。还有一些其他的问题，如出现的线路质量、话音质量和障碍维修、计费准确性和资费透明度等，也需解决和规范。

这些问题将会削弱农民接收信息的真实度，同时也会打击农民接收信息的积极性。但是应该有信心，手机在发展过程中将会克服这些问题，将其优势发挥到最大限度。

3. 手机推动农村信息化建设的前景分析

近年来随着经济的发展，农民的收入在不断增加，购买力也在不断提高，思想观念也发生了很大的变化，对于新兴产品的接受度也在增强。随着手机在农村地区的普及，以及政府和社会在这方面的重视，农民利用手机传播接收信息的门槛越来越低，手机媒体中的作用在农村也日益凸显出来。

我们之所以有动力、有信心去憧憬手机媒体在农村信息传播中的前景，主要是因为：当前农村手机高速普及，手机的各种功能，如上网、音频、图像、文字等不断地完善以及国内手机市场依然呈增长势头，多媒体手机正呈平价化的走势。这些都为农民拥有手机创造了条件，为手机在农村的信息传播奠定了物质基础。

在国家信息化的建设中，政府也越来越重视农村的信息化，而且政府及通信公司也慢慢地意识到手机在农村信息流通中的作用，将会推出一系列优惠政策。

经济发展对手机在农村的推广和使用至关重要，我国西部农村经济的不断发展带动了手机的普及，更不用说较发达的中东部农村了。农民购买能力的不断增强，使农民利用手机传递信息的门槛越来越低。

与电视、门户网站相比，手机媒体更容易控制。因为国内手机运营商只有移动、联通和电信，这是极为容易控制和集中传播信息与资讯的媒体。只要在政府的支持和干预下，手机在农村的信息传播作用将比传统媒体更强大。

4. 手机在推动农村信息化建设过程中的具体操作

将手机运用到农村信息化过程中的前景是美好的，但这不是某一个部门可以承担的，不管是软件还是硬件措施都涉及多个部门。农村信息化建设应由“政府牵头、各界配合、市场运作、电信实施”。由政府牵头、电信实施搭建农村现代化的信息平台，在目前来说是最符合我国经济现状的选择。

在农村信息化进程中政府的作用是举足轻重的，从政策、资金、技术、管理等各方面政府都要加大扶持力度。

在农村信息化建设的过程中，政府可以推出一些优惠政策。例如，由政府出面向较为贫困的农村推出一些低价手机，使这种新的传播工具在农村普及起来，同时加大农村通信费用的补贴，使农民可在没有经济顾虑的情况下使用手机。

政府应该加强农村通信基础设施的建设，在农村地区尽快地实现电视、电话、电脑网络的互通和基本建设。近年来实施的“村村通工程”已经使全国95%的行政村通上了电话，为农村的信息化建设打下了坚实的物质基础。同时，还应该加强农村信息数据库的建设。不断强化、更新农村信息网络的建设，使手机与网络互相配合，发挥更大的作用。在农村地区投资建立多个营业厅，设立乡村代办点，激活农村这片土地的通信消费。

强化农民的信息观念。基层乡镇政府应该在这方面加大宣传力度，使农民认识到信息的价值。现在农民的文化水平还不高，各级政府要相互配合，定期在农村开设一些培训班，简单、直接、明了、通俗地给农民讲解一些实用技术的操作，如教农民发短信、咨询、预订新闻等，真正使农民感受到手机的优越性，从而信任、依靠手机。

组织一批专门的农业信息采集队伍。传统媒介在农村作用微弱，主要原因是缺乏对农村、农民情况及时、动态的了解。手机媒介在农村信息的传播过程中要构建“一对一”的模式，需要建立信息采集点，组织农村信息采集队伍。各地要使政府与当地的涉农机构、农业专家联合起来，实现实时动态地对各地区、各自然村、典型农户的农业信息的收集与整理；也要与当地的农业信息发布机构紧密联系，以便及时、有针对性地为广大农民免费提供养殖、种植、市场、农业科技、劳务输出等各方面的信息。农民也可以主动地咨询，获取需要的信息。

除了政府的作用外，还需要社会各界通力合作。

一是通信公司应针对农村开通一些手机服务，使农民通过声音、文字、图片、视频、音频等多方面获取信息。

二是通信公司与一些涉农机构联合。气象预报、科技种田、果树栽培、家禽驯养、外出务工等信息与农民是息息相关的，这就需要通信公司与其他机构联合起来，加大农业信息资源整合力度。如通信公司与当地的农业厅、畜牧厅、气象局、农业科研机构等涉农机构合作。专家坐镇把关，专门向农民发布相关的农业信息，以回答农民的询问，共同打造农村信息网生产链，建立综合农业信息服务体系，帮助广大农民依靠农业信息致富发展。

三是与传统媒介的联合。农民需要的不仅是致富信息，也渴望了解外面的世界，手机可以和一些传统的媒体结合起来，如与报纸、电视台、出版社联合，将传统媒体最新的最实用的信息整合、梳理，免费发给农民；还可以让农民通过手机上网去查找、咨询、娱乐。越来越多的农村“拇指族”正在体验移动信息化带来的新冲击。

综上所述，手机的高普及率、移动性、便携性、互动性、服务的针对性，这些优点正是农村、农民对传播工具的诉求。这就使手机较之传统媒介在农村信息传播中拥有更为广阔的空间。随着手机与网络技术的结合，它的功能将越来越全面，它不仅能像传统媒介一样传输文字、声音、图片，而且拥有了音频、视频等多媒体功能。这些功能为手机向不同需求的用户提供个性化的服务奠定了基础，相信在不久的将来，手机将会是农村信息传播的主力工具，其前景是十分辉煌的。

（五）阅读采集法

阅读采集法即通过阅读报纸、文件、报告、简报等读物来采集信息。在这些读物中蕴涵着大量有价值的信息，我们要善于从纷繁庞杂的文稿中把其中最有价值的内容加以加工提炼，汇总成农民亟需的信息。

(六) 交换采集法

交换采集法即通过与兄弟地区或单位交换资料来采集信息。

农业信息的采集从主观上又可分为三种。

1. 定向采集与定题采集

(1) 定向采集指在计划采集范围内，对特定信息尽可能全面、系统地采集，为用户提供近期、中期、长期的信息服务。

(2) 定题采集指根据用户指定的范围或需求内容，有针对性地进行采集工作。实践中，二者通常同时兼用、优势互补。

2. 单向采集与多向采集

(1) 单向采集指对特殊用户的特殊需求，只通过一条渠道，向一个信息源进行具有针对性的采集活动。

(2) 多向采集指对特殊用户的特殊需求，多渠道、广泛地对多个信息源进行信息采集的活动。此方法的优点是成功率高，缺点是容易相互重复。

3. 主动采集与跟踪采集

(1) 主动采集指针对需求或预测，发挥采集人员的主观能动性，在用户需求之前，即着手采集工作。

(2) 跟踪采集指对有关信息源进行动态监测和跟踪，以深入研究跟踪对象，提高信息采集的效率。

二、农业信息采集的重点

信息是物质运动的反映。信息的流动必须与物质运动相一致。从信息的特征上看，信息可以分为三大类：一是教育类信息，它和行为之间关系复杂，如技术信息等；二是娱乐类信息，它本身就是消费；三是决策类信息，它可以指导人们的行为。如著名的“荒岛 0 鞋”信息，面对一个荒岛上所有光脚的人，甲推销员说，这里的人都不穿鞋，所以这里没有卖鞋的市场。乙推销员说，这里没有人穿鞋，市场空间太大了。同一个信息，理解方法不同，利用价值就不同。现在我们已进入信息时代，信息已成为人们生活的一部分。但是，真正值得关注的信息是对人们有用的那一部分信息，以及能够重复使用的信息源。作为农村信息员，我们要关注和采集哪些信息呢？

（一）农业信息采集的内容

1. 自然资源信息

（1）生物资源。

①动物资源。指野生动物和饲养动物信息。

②植物资源。指野生植物和栽培植物信息。

③微生物资源。指食品微生物和微生物肥料等信息。

（2）土地资源。指地形地貌、耕地、草原、林地资源、水域资源、苇地资源及城市、工矿、交通用地和未利用土地资源等信息。

（3）气象资源。指光照资源、热量资源、降水资源等信息。

（4）水资源。指地表水和地下水资源信息。

（5）农村能源。指生物能源、矿产能源、天然能源等信息。

（6）自然灾害指农业自然灾害的种类、危害等信息。

2. 农村社会信息

（1）农村基础信息。

①农村人口。指农村人口构成、农村人口素质、农村劳动力等信息。

②农业区划。指综合农业区划、自然条件区划、农业部门区划、农业技术改造措施区划等息。

③农业机构。指各级管理农业的党政部门、科研机构、技术推广机构、农林牧渔等信息。

④农田水利建设。指农田水利工程建设、水利法规建设等信息。

⑤农村电气化建设。指农村电源建设、农村用电、农村用电管理等信息。

⑥农村生产关系。指农村经济体制改革、农业经济法制建设等信息。

（2）农业教育与文化信息。

①农业教育。指普通高等农业教育、普通中等农业教育、农业成人教育、义务教育及培训等信息。

②农村文化。指农村文化艺术、农村广播电视、农村卫生、农村体育、古代农业文化遗产等信息。

③农业政策信息。指与农业生产、生活相关的各类法律、法规、规章、制度等信息。

④农村基层组织建设与思想建设信息。指农村党支部、乡

村政权组织、村民委员会、农村合作经济组织、农村社会主义思想教育、农村社会主义精神文明和政治文明建设等信息。

⑤农业标准信息。指国外先进标准、国际标准、国家标准、行业标准、地方标准等信息。

（3）农村经济信息。

①农村管理信息。如会计信息、土地流转信息。

②农业生产水平信息。指种植业、林业、畜牧业、水产业等农村产业结构与布局信息。

③农业资金投入信息。指农业基础设施建设、财政支农、农用信贷、农村集体和农户等资金投入信息。

④农业生产资料信息。指农用化肥、农药、农膜、农机、柴油等生产资料信息。具体可分为以下几种。

农用机械设备信息，包括拖拉机、柴油机、电动机、联合收割机、水泵、烘干机、农用汽车、渔业机船、饲料粉碎机等。

种子、种苗、种畜、耕畜、家畜、饲料等。

化肥、农药、植保机械、农用薄膜等。

农用燃料动力、钢材、水泥及特种设备和原材料等。

⑤农村经济收益分配信息。指农村经济收入和支出信息。

⑥农业经济技术国际交流与合作信息。指农业利用外资、对外科技交流与合作、农副产品出口贸易、技术合作与边境协作、援外工作等信息。

（4）农业科学技术信息。

①农业科学。指农业（种植业）、畜牧业、林业、农业机械、水产、水利、农业气象等方面科学研究的信息。

②农业技术。指农业（种植业）、畜牧业、林业、农业机械、水产、水利、农业气象等方面农业技术及推广的信息。

（5）市场信息。指农产品流通、农产品价格、农产品集市贸易等信息。

（6）其他相关信息。指其他与农业有关的信息。

（二）农产品供求信息

农产品供求信息是农产品流通过程中反映出来的信息。农产品流通是指农产品中的商品部分，以货币为媒介，通过交换形式从生产领域到消费领域的转卖过程。农产品流通大多是从分散到集中再到分散的过程，即由农村产地收购以后，经过集散地或中转地，再到达城市、其他农村地区或国外等销地的过程。在社会再生产过程中，农产品作为四个环节之一，起着连接农业生产与农产品消费的纽带作用。它不仅对农业生产起引导和促进作用，而且对以农产品为原料的工业生产，对城乡物资交流、经济合作，完善农村市场，满足消费需求，进而推动整个国民经济发展有着重要的意义。采集农产品供求信息，要注意弄清农产品的种类、数量、产地、规格、价格、时效等信息元素。

（三）农用生产资料供求信息

农用生产资料供求信息可以分为以下几类。

（1）农用机械设备，包括拖拉机、柴油机、电动机、联合收割机、抽水机、水泵、烘干机、农用汽车、农渔业机船、饲料粉碎机等。

（2）半机械化农具，又称改良农具，包括以人力、畜力为动力的农业机具。

(3) 中、小农具，指人力、畜力使用的铁、木、竹器等农具。

(4) 种子、种苗、种畜、耕畜、家畜、饲料等。

(5) 化肥、农药、植保机械、农用薄膜等。

(6) 农用燃料动力、钢材、水泥及特种设备和原材料等。

农村信息员要根据农用生产资料供求具有季节性、地域性、更新快等特点，及时采集农用生产资料供求信息，满足农业生产需要。

(四) 农村劳动力供求信息

我国农村劳动力流动有其客观必然性，农村信息员要努力掌握其规律，及时采集、发布农村劳动力供求信息，引导农村劳动力顺畅、合理、适度流动。

我国农村劳动力流动包括的内容，一是区域流动，即从一个地区向另一个地区流动。区域流动可分为：农村劳动力从不发达农村向发达农村流动；农村劳动力向城镇流动。二是产业流动，即农村劳动力在三个产业之间流动。产业流动可分为：农村劳动力在农、林、牧、渔四业之间流动；从农业行业向非农行业流动。

(五) 市场价格信息

我国农村市场随着改革开放的不断深入而发展壮大，目前农村市场体系正在逐步健全，市场功能日臻完善，市场的特殊功能已被越来越多的人所重视。现在中央、省（自治区、直辖市）、市农业部门的信息网站都已开通了市场价格信息专栏，农村信息员要及时采集和传播这类信息，为引导农民调整产业结构，做好服务。

市场价格信息通畅可以引导农民合理安排农业生产。在蔬菜、畜禽、水果、中草药等生产领域，由于市场供求信息不能及时传递给农户，这些农产品在局部地区经常会出现“卖难贱卖”或“买难涨价”的市场波动现象。可见，市场价格信息对解决“萝卜哥”或“蒜你狠”等现象有重要的现实意义。

（六）农业信息采集技术面临的问题和对策

我国属于发展中国家，与发达国家相比，我国农业领域中计算机技术、数据采集技术的应用还相当薄弱，某些方面甚至还是空白。由于农业经济基础差，农业基层单位用不起新技术，因此推广起来有相当的难度。解决的方法应从以下几个方面考虑。

第一，研发适合对路的科技产品。农业生产应用计算机的好处在于：它可以提高产量和产品质量，这是手工生产所不能比拟的。

第二，针对不同的使用对象，研发高、中、低不同层面的数据采集科技产品，价格也会有高低之分，这样才有利于推广应用，因为售价往往起决定性的作用。

第三，加强宣传，提高科技兴农、科技强国的观念，引导农户增强使用科技新产品应用于农业生产的意识，促进农产品产量和质量的提高。

农村信息员面对信息采集技术落后的现实，利用网络收集信息是克服技术落后的好对策。

三、农业信息采编

（一）信息编写的“五个要点”

一般而言，编写一篇完整的文字信息要注意把握“五要素”，即编写信息的“五个要点”。

第一，要有观点。观点是整篇文章的中心思想，是整篇信息的主题，在阐明观点时，一定要注意观点的新颖性，要有独到的见解，有深度，参考性要强。为了突出题目，观点一般可以以文字形式做信息题目。在编写信息、拟题目时，一般都应直接点题，亮明观点。

第二，写导语。信息的开头要有个导语，这个导语是说明以上观点的。“导语”也是“总的情况”，即一个事物的现状、发展概况、结果等用以说明或论证观点。如果将观点用作题目，文章开篇就要说明观点的总的情况。这样可以省去许多笔墨，使信息具有自然、简洁、明快的特点。

第三，记叙事件过程。就是进一步展开观点，对具体情况进行陈述和分析。主要是用来说明上述的“总的情况”（导语），也是比总的情况更进一步地说明观点。

第四，分析结果，即进行结论。要用定性或定量的看法，分析成因或事物发生的结果。这一要素的具备，能以结论的形式使信息的观点更加鲜明。

第五，进行预测或提出建议，即指明事物发展的方向、趋势。一篇信息的参考价值不仅体现在上述的四要素之中，而且还相当程度地体现在这一要素之中，甚至有时这一要素更能直接启发、诱发和引起信息服务对象（领导者）的联想和决策的决心。这一要素的存在，是信息高质量、高价值、高层次、完整性的体现。因此，写好这一要求十分重要，必须要有鲜明的见解和明确而又深邃的判断。

（二）编写好信息的标题

1. 主题鲜明

一条好的信息，不仅需要好的内容，而且需要好的标题。编写信息时，要注意题目的鲜明、生动。

2. 标题必须吸引人

有些编发的信息，常常因为标题的一般化，没有吸引人的魅力，或因为文字冗长，或因为观点不明确，被读者从视线中过滤而失去被采纳利用的机会。

3. 要选择好标题的角度

信息稿件选择题目是很重要的，标题是文章的眼睛，是会说话的，好的标题确实能给文章增色。俗话说："有粉擦在脸上。"既然文章都认真编写了，要再花些工夫制作出既能突出主题又语言精美的标题来，会给这条信息添彩的。

4. 题目既要精又要深

标题范围尽量小些，写得深些，不要面面俱到，什么都写，什么都写不深。要善于抓住最有影响的一点，这样就能够深入下去了。

5. 选择一个好的标题必须进行三个比较

一是在标题的新与旧上的比较。抛弃陈旧老套的标题，选择新颖独特的标题。把信息反映的事物的发展与原有状况相比较，可以选择新标题。事物总是不断地向前发展的，它在发展的每个阶段，都有与之相适应的新的思想、观点、意义和价值，认真地进行比较区分它在发展过程中哪些属于原有状况，哪些属于新的发展，这样，新颖的标题就显露出来了。

二是在标题的深浅上的比较。抛弃思想肤浅的题目，选取立意深刻的标题。深是指能揭示所反映的事物的规律和本质，反之，浅就是不能揭示事物的规律和本质，标题要戒浅求深。比较标题的深浅又可以分为三个层次：第一，比较不同的题目对所反映事物的规律和本质揭示得如何；第二，比较不同题目在同类事物中的地位和作用如何；第三，比较不同题目在全局乃至当今社会和时代的普遍意义如何。这样层层深入地进行比较，就能选择和提炼出立意新颖、深刻的标题。

三是在标题的散与聚上比较。抛弃“大而全”的松散的题目，选取“小而聚”的拔尖标题。标题最忌贪求“大而全”的长题目，大标题必然松散乏力，“小而聚”才能火力集中。

第三节　农业信息发布

信息发布的目的是为了使信息发挥促进生产发展、帮助农民致富的作用。要做到这一点，就必须为信息找到用途，找到需要信息的人。信息发布就是为信息找人的过程。如果找不到信息的使用者，信息也就失去了它应有的价值。因此，信息的采集和发布是一个连续的过程，是一个完整过程的两个阶段。两者之间并没有一个明确的界限。信息发布过程同样需要具备多种专业知识，必须了解生产和市场需求，需要做认真的分析研究。

一、信息发布的对象

农业信息的发布应当根据发布对象的不同以确定不同的发布内容。

对于上级主管机关或者是政府决策部门，信息发布主要是指将各种信息归纳整理后提交的分析报告，而非某几条具体的农业信息。

对于广大农民朋友来说，信息发布的内容则为农业生产、加工、科技、供求、价格行情等具体信息。

二、信息的传统发布途径

（1）各种信息简报和信息通信。

（2）各种会议、广播、电视等。

（3）开办信息专栏。

（4）对于部分农业生产大户，可采取信息到户的方法。

（5）举办各种信息培训班。

（6）网上发布。

三、信息发布的基本要求

1. 目的性

农业生产和市场经营是一个复杂的过程，生产者和经营者的个人喜好、能力、素质、水平千差万别，如果不能把一个有价值的信息传播给那些最需要信息、能最有效利用信息的人，就不能真正体现信息的价值，也不能充分发挥信息的作用。因此，我们选择信息接收人群要有明确的目的性。

2. 广泛性

凡是在本地收集到的农业生产、农民致富需求和市场供求信息，而本地没有适合的信息接收和使用者的，就需要以各种传媒为工具，发布到更广的范围。这类信息的发布目的性不明确，因此发布的范围越广，找到信息需求者的可能性就越大。

为使信息能够广泛发布，就需要根据本地实际条件，充分利用一切所能利用的传播工具，如本地发布可利用广播、黑板报、科普信息宣传栏等；向外发布可利用广播电台、电视、报刊、因特网等。

3. 时效性

生产是发展的，市场是变化的，因此信息的价值常常具有时效性。同理，信息发布也具有很强的时效性。若错过时机，信息就失去了利用价值。在当今信息时代. 信息更新的速度越来越快，这要求我们必须将收集到的有价值的信息尽快发布出去，力争在信息的有效期内为信息找到使用者。

4. 真实性

对发布的信息负责，保证信息的真实性，这是职业道德，也是基本要求。

各种媒体上的广告和信息，我们无法保证其真实可靠性，在应用时须作进一步考察证实，但是我们必须对自己亲自收集的信息负责，对在媒体上发布的信息严格把关，保证其真实可靠性。发布和传播不切实际的虚假信息，不但不能帮助农民致富，而且会产生坑农害农的结果。

5. 发布成本与因特网的利用

信息发布的载体是各种媒体，如报纸、刊物、广播、电视、电话、电脑网络等，每种媒体都对应各自的适用人群。信息发布可以同时使用多种媒体工具，但每种媒体的发布成本有很大差别，我们要根据经济许可程度、信息本身的价值等多种因素，本着既节约成本又起到宣传效果的原则，选择最适合的媒体。

这里要强调的是，随着电脑网络的发展，因特网已成为一种发布范围广、传播速度极快、成本非常低的媒体。各级农业部门为更好地服务农业，已建立了各类农业服务网站。随着农业信息网络服务的延伸，将全面建设县级农业服务网站，县、乡两级农业信息服务站都可以提供信息查询和发布服务。因此，我们应当尽快掌握电脑网络这个高科技工具，既能节约费用，又能极大地提高信息传播效率，能在短时间内将信息发布到最广泛的区域。

四、农业物联网

(一) 概念及应用

物联网被世界公认为是继计算机、互联网与移动通信网之后的世界信息产业第三次浪潮。它是以感知为前提，实现人与人、人与物、物与物全面互联的网络。在这背后，则是在物体上植入各种微型芯片，用这些传感器获取现实世界的各种信息，再通过局部的无线网络、互联网、移动通信网等各种通信网络交互传递，从而实现对世界的感知。

传统农业，浇水、施肥、打药，全凭经验、靠感觉。如今，在现代化的农业生产基地中，看到的却是另一番景象：瓜果蔬菜该不该浇水？施肥、打药，怎样保持精确的浓度？温度、湿度、光照、二氧化碳浓度，如何实行按需供给？作物在不同生长时期曾被“模糊”处理的问题，都有信息化智能监控系统“实时”“定量”精确把关，我们只需按个开关，做个选择，或是完全听“指令”，就能种好菜、养好猪。

在计算机互联网的基础上，利用射频自动识别（RFID）、传感器、无线通信、嵌入式网关、云计算、移动终端应用等技术，构造一个覆盖世界上万事万物的“Internet of Things”。在这个网络中，物品（商品）能够彼此进行“交流”，而无须人的干预。其实质是利用RFID技术，通过计算机互联网实现物品（商品）的自动识别和信息的互联与共享。

农业物联网结构可分为三层：感知层、传输层和应用层。感知层是采用各种传感器，如温湿度传感器、光照传感器、二氧化碳传感器等来获取各类信息。感知层是物联网识别物体、采集信息的来源。传输层由各种网络，包括互联网、广电网、网络管理系统和云计算平台等组成，是整个物联网的中枢，负责传递和处理感知层获取的信息。应用层是物联网和用户的接口，与行业需求结合，实现物联网的智能应用。

根据传感器获取的动物、植物生长环境信息自动进行相应的升温补光、灌溉等控制。对环境异常自动报警，加装摄像头可对养殖、种植场地实时监控。由此可见，传感器在物联网中作用十分重要。那么，传感器是什么样的呢？传感器是一种能把特定的被测信号，按一定规律转换成某种可用信号输出的器件或装置，以满足信息的传输、处理、记录、显示和控制等要求。传感器处于被监测物体与系统之间的接口位置，是感知、获取与检测信息的窗口，它提供物联网系统赖以进行决策和处理所必需的原始数据。

有了这些传感器，农业物联网能够做哪些事情呢？

1. 实时监测

通过传感器实时采集温室（大棚）内的空气温度、空气湿度、二氧化碳、光照、土壤水分、土壤温度、棚外温度与风速等数据；将数据通过移动通信网络传输给服务管理平台，服务管理平台对数据进行分析处理。

2. 远程控制

针对条件较好的大棚，安装有电动卷帘、排风机、电动灌溉系统等机电设备，可实现远程控制功能。农户可通过手机或电脑登录系统，控制温室内的水阀、排风机、卷帘机的开关；也可设定好控制逻辑，系统会根据内外情况自动开启或关闭卷帘机、水阀、风机等大棚机电设备。

3. 查询

农户使用手机或电脑登录系统后，可以实时查询温室（大棚）内的各项环境参数、历史温度、湿度曲线、历史机电设备操作记录、历史照片等信息。

4. 警告功能

警告功能需预先设定适合条件的上限值和下限值，设定值可根据农作物种类、生长时期和季节的变化进行修改。当某个数据超出限值时，系统立即将警告信息发送给相应的农户，提示农户及时采取措施。

基于上述功能，农业物联网目前主要有如下应用：温室智能控制、智能节水灌溉、水产养殖管理、食品溯源系统、专家咨询系统、花卉果蔬植保、水池水质监测、土壤墒情检测、大田环境监测与畜禽舍环境监控等。

（二）食用菌养殖

在食用菌生产中，温度、湿度、光照和二氧化碳浓度等是影响其生长的重要环境因素，能有效调控影响食用菌生产的环境因素，有助于提高食用菌生产自动化程度和产量品质。但传统种植基本沿用老方法，每天浪费人力，让工作人员去每个大棚里用二氧化碳检测仪检测二氧化碳浓度，去开启风机，去打开侧窗、天窗。而通过使用无线传感器网络可以有效降低人力消耗和对农田环境的影响，获取精确的作物环境和作物信息。食用菌物联网主要是通过在设施环境内安装部署温湿度传感器、光照传感器、二氧化碳传感器等设备，实时采集食用菌生长环境各环境指标数据，并通过现场无线传输网上传到本地监控中心系统，中心监控系统通过综合分析各个环境因子，将分析结果形成一系列控制指令再反馈给部署在控制现场的设备执行装置。例如，当空气温湿度低于设定值时，说明食用菌“口渴”了，这时信息会自动反馈到自动喷淋设备，该设备马上开始喷淋；温度高了自动开启风机等设备进行降温。这样，既确保食用菌能够在最适宜的环境中生长，又解决了菇农不能随时照看食用菌生长情况的问题。

（三）水产养殖

影响水产养殖环境的关键因素有水温、光照、溶氧、氨氮、硫化物、亚硝酸盐、pH 值、盐度等，但这些关键因素既看不见又摸不着，很难准确把握。现有的水产管理是以养殖经验为指导，也就是一种普遍的养殖规律，很难做到准确可靠，产量难以得到保障。随着养殖业的不断发展，水产养殖环境智能监控系统的出现在提高产量与品质方面势在必行。

通过运用物联网技术，养殖户可以通过手机、PDA、计算机等信息终端，实时掌握养殖水质环境信息，及时获取异常报警信息及水质预警信息，并可以根据水质监测结果，实时自动地调整控制设备以改善水质环境，实现水产养殖的科学养殖与管理，最终实现节能降耗、绿色环保、增产增收的目标。

天津市北辰区洪彪水产养殖基地，位于北辰区西堤头镇，项目总投资675万元，目前有养殖水面1 200亩（1亩≈667平方米，1公顷=15亩），主要养殖彭泽鲫鱼、乌克兰鳞鲤、南美大对虾等水产动物。根据洪彪水产养殖基地的需求，华夏神农物联网研发团队为基地定制开发了一套水产物联网监控预警系统，系统可实现通过手机、计算机等信息终端，实时掌握养殖水质环境信息，及时获取异常报警信息及水质预警信息，并可以根据水质监测结果，实时调整控制设备，如水溶氧低于正常水平，就开启制氧机；在设定时间，自动投饵等。水产养殖环境监控系统可充分地利用计算机及工业控制原理将水产养殖业纳入科学的管理之中，及时地监控、调节水产养殖的各种环境参数，极大地减少养殖人员精力的投入，实现以较少的投入，获得较大的效益。

（四）养殖场（以生猪养殖为例）

随着社会的发展，污染的日益严重，环境越来越受人们的重视。同样，为了能让生猪更好更快地生长，只有为猪创造良好的生存和生产条件，才能达到投入饲料少、获取数量多、猪肉质量好的效果。对于养猪业来说，其生产主要受养殖品种、喂食饲料种类和质量、疫病、生长环境和管理水平等因素的影响，其中环境因素所起的作用尤为重要，占20%~30%的比重。

智能管理系统包括以下几个方面。

1. 猪舍环境信息智能采集系统

影响猪舍内环境的因素包括二氧化碳、氨气、硫化氢、空气温度、湿度、光照强度、气压、噪声、粉尘等。二氧化碳、氨气、硫化氢、粉尘等气体的增加会导致猪疫情的发生；空气温度、湿度、光照强度、气压影响着猪生长的质量；密度、温度、湿度、通风换气则影响着猪生长繁殖的速度。这些因素都可以设置标准值或值域范围，当超出正常范围时自动报警系统则会短信通知用户，用户可自行采取应对措施。

2. 猪舍环境自动调控系统

实现养殖舍内环境（包括光照度、温度、湿度等）的集中、远程、联动控制。与物联网相连的有各种自动调节设备，当猪舍内照度、温度不在正常设定范围时，可远程控制开启或关闭天窗获取光照与温度，也可实时风机散热；当湿度不够时，则可打开水帘，增加湿度。

3. 智能养殖管理平台

实现对猪舍采集信息的存储、分析、管理；提供阈值设置功能、智能分析、检索、报警功能；提供权限管理功能和驱动养殖舍控制系统。当用户在养殖过程中遇到不能解决的问题，还可以将信息或者图片传输到农业智能专家系统，生猪养殖领域的专家会为用户解答疑难，轻轻松松坐在家里就能掌握先进饲养信息。用户还可手动生成饲养知识数据库，当同类问题重复出现时，便能及时查看解决方法，不必大费周章，重复劳动。

虽然物联网对于农业发展所带来的好处显而易见，但在使用上还未形成刚性需求。作为一个新兴事物，农业物联网正处在边试验边示范的阶段，有着广阔的应用前景。对于传统农业来说，物联网的成本过高，在没有见到效益之前，让农民提前投资难度较大。所以对于这一新事物，很多农民，甚至一些农业干部、政府部门还需要一个接受的过程，迫切需要转变观念。在加大政府扶持、建立补贴制度的同时，应尽快建立适应农业发展需求的商业模式，由市场引导、向市场要钱，是推动物联网发展的有效方法。

第七章 增强法律意识

第一节 增强农民的法制意识

法治意识既是深入推进全面依法治国、加快建设社会主义法治国家的思想动力，也是推进国家治理体系和治理能力现代化的精神支撑。然而，我国农民的法治意识普遍较为淡薄，还无法适应法治中国建设的诸多要求，更不利于城镇化进程的推进。为了加速城镇化进程，我国还需加强普法教育力度，健全社会法治体系，全面提升农民的法治意识。

一、培养农民法治意识对于城镇化建设的意义

培养农民法治意识，是提高生产力的重要保障。一方面，培养农民法治意识，有助于提升法治化管理水平，从而为户籍制度、土地制度的改革铺平道路。这将有效解决与农民切身利益相关的重要问题，能够极大地提升农民的生产积极性，从而加快产业化发展步伐，提高生产力，推动城乡经济的快速发展。另一方面，培养农民法治意识，引导广大农民群众监督基层执法队伍，有助于提升基层执法队伍的依法行政能力，促进城乡市场的健康发展。

培养农民法治意识，是深化改革的客观要求。在城镇化建设过程中，培养农民法治意识，有助于促进经济体制改革的稳定推进。加快经济体制改革，旨在促进城乡市场的科学化、规范化、法治化发展，而这要求借助法治手段、发挥法律威慑力来规范市场，这便对农民的法治意识提出了一定的要求。同时，培养农民法治意识，还有助于促进城乡管理体制改革的有序推进。加快城乡管理体制改革，旨在健全法律体系，实现法治化管理，这无疑需要以农民法治意识的提升为依托。

培养农民法治意识，是发展民主政治的必然要求。在城镇化建设过程中，培养农民法治意识，使农民形成遵法、守法的意识，才能够塑造良好的法治环境，促进依法治国方略的有效落实，为民主政治的发展提供支撑。农民法治意识的培养，既有助于促进农民行使民主监督权利，确保行政部门依法行政，推进政务公开，也有助于引导农民关注并以法律武器维护自身的合法权益，行使在管理中的知情权、参与权以及表达权，切实促进民主政治的发展。

二、加强普法教育力度，培养农民法治意识

加强普法教育对象与内容的针对性。在农民法治意识培养过程中，党员干部发挥着重要作用，是农民法治意识培养的中坚力量。故而，普法教育首先应当面向农村党员干部，唯有提升了党员干部的法治意识，使党员干部掌握了法律知识，依法办事能力得到提升，才能够更好地服务广大农民群众。同时，这也有助于引导农民群众学法用法，稳步推进农村民主法治建设，进而加快城镇化建设步伐。在普法教育的过程中还应当突

出普法教育的核心内容，着力普及与农民切身利益相关的法律法规，如农业发展、土地流转等方面的政策法规，从而提高普法宣传的实效。

优化普法教育方式。一方面，应当优化传统普法教育方式，将电影普法、电视普法、报刊普刊、法律咨询等方式进行结合，尽可能多地援引案例进行分析，以大众化的语言解释晦涩难懂的法律条文，使得农民能够真正听得懂、记得住、用得上。也可积极引导农民进入审判现场参与旁听，使得农民体会到法律的权威性，从而做到遵法守法。另一方面，应当充分利用新媒体开展普法教育，特别是微信、微博、网络直播平台等传播媒介，构建高度透明、纵横贯通的普法教育体系。这不仅有助于扩大法律知识的覆盖面，加快法律知识的传播速度，提高普法教育的影响力，还有助于结合不同时期农民的不同需求，及时更新普法教育内容，确保普法教育工作落实到位，从而切实提升普法教育效果。

完善普法教育保障体系。其一，应当建立普法教育机构，统筹安排普法教育工作，由中央财政与地方财政分摊普法教育经费；健全普法监督与检查机制，对普法教育成效进行追踪与调研；普及乡镇司法所，扮演好普法教育“排头兵”的角色。其二，应当加强普法教育队伍建设。普法教育机构应当持续扩充普法教育队伍，挖掘法律人才资源，吸纳农村地区法律知识丰富的退休干部，将其打造为普法教育主力军，充分发挥其在农村地区的感召力，提升普法教育效果；提升农村普法工作人员的薪资待遇，吸引法律专业人才加入农村普法教育队伍，并尝试将农村普法工作岗位纳入事业编制，提高优秀人才对农村普法工作岗位的重视。其三，应当加强普法教育基础设施建设。普法教育机构应当在农民活动较为集中的区域设立普法宣传栏、宣传橱窗或宣传板报，定期更新宣传内容，同时要确保宣传内容尽可能贴近农民生产生活；建设普法教育宣传基地，为农民提供多层次、多方位的法治培训。此外，当前已有许多农民具备了相应的上网设施与上网能力，因此有条件的农村可以尝试打造符合本地区实际的普法教育网络平台，基于本村农民关心的热点问题，上传相关案例的文件资料以及法庭审理的视频资料，使得农民可以根据自身需求获得相关资源，从而更加直观地了解法律、运用法律。

国家发展、民族振兴，不仅需要强大的经济力量，还需要强大的文化力量。没有先进文化的发展，就没有人们文化素质和自身素质的提高，这就需要大力发展农村文化，加强普法教育和法制宣传，提高农民的文化素质，为提高农民法律意识提供主观条件。

第一，加大教育投入，全面落实九年制义务教育的普及。

目前，我国推行强制性、免费性、普及性的义务教育，但并没有得到全面地落实。有一部分的家长受传统愚昧思想的影响，认为送孩子上学是一种负担，一种损失，即使上学也学不到有用的知识，还不如出去打工赚点钱，以减轻家里的负担。

因此，加强九年制义务教育，首先，要大力宣传《中华人民共和国义务教育法》（以下简称《义务教育法》），并通过身边的典型案例使农民认识到教育、文化的重要性、有效性，为教育的普及和教育事业的发展营造一个良好的舆论环境。其次，要进一步完善义务教育经费投入体制，根据《义务教育法》中的“国家对接受义务教育的学生免收学费，国家设立助学金，帮助贫困学生就学”等的规定，完善贫困生资助制度。同时，根据实际需要建设校舍和学校、配备仪器设备、添置图书资料等，以改善教师的生活办公条件和学生的学习条件。

第二，加大普法教育和法制宣传的力度，提高农民的法律素质和法律意识。

普法教育在农村已经开展多年，取得了一定的成效，我们应在此基础上加大普法教育和法制宣传的力度，继续深入开展，以达到大幅度提高农民法律素质和法律意识水平的效果。

法学家田成友曾说：“我们不一定要每个农民懂得法律的具体规则、规定是什么，但一定要让农民懂得法律赋予每个公民的基本权利是什么，权利受到侵犯后，救济的办法和保障在哪里，法律的权威和地位有多高。”这要求我们在进行普法宣传教育时要把重点放在宣传法律思想、法律观念、法律精神上，让农民认识和了解各种法律所赋予的权利，树立权利意识，而不是简单、宽泛的制度、规范条文的宣传和灌输。

由于农民的年龄、文化程度、所处的工作环境等有所不同，他们的法律知识水平和法律意识水平也有所不同。对此，普法教育应该根据农民的实际需要和特点，采用适当的方法有针对性地进行：对于乡村干部和广大党员，由于他们的政治觉悟较高，可以进行系统的法制教育，使其自觉学法、守法、用法、护法，增强法治观念，并充分发挥他们的领导表率作用，深入到农民中去，带领广大农民学法守法。对于广大农民群众，我们可以组织开展“送法下乡”等活动，深入农民群众内部去宣传和讲解与他们日常生活密切相关的法律规章的内容；可以结合当地的违法犯罪活动实例讲解法律知识，运用通俗易懂的语言宣讲，使农民容易并且形象地学习法律；可以吸收大学生进入农村，不仅能够提高大学生的实践能力，还能为农村普法注入新的活力；目前，农民对法律的认识主要来源于广播电视，对此，我们可以采用通过报纸、有线广播、书刊等方式传播，还可以采用设置法制宣传专栏、赠阅法律宣传读物、建立社区法律志愿者服务队、举办法律知识竞赛、举办社区法制文艺演出等普法形式。

三、健全社会法治体系，引导农民树立法治信仰

俗话说："无规矩不成方圆"，要想提高农民的法律意识和法律素养，保证农村各项工作规范化、制度化、法制化地运行，就要加强农村各方面的法律法规的修订、完善、丰富，并且要确保这些法律能够切实有效地得到实施。

当民众从现行法律中找到公平、安全和归属感时，就会对法律充满信任、尊重，认为自己有独立的法律人格，他就会自觉守法、衷心拥护法甚至以身捍卫法。若民众从法律那里得到的只有压抑、恐惧、冤屈、不公平，他又怎会信任、自觉服从和衷心拥护与他利益相悖的法律条文和命令呢？因此，农业、农村法律的制定要符合农民群众的切实需要，要符合我国农村村情，要以实际的法律运作使农民感受到还是信仰法律好，感受到法律值得尊重和崇拜。

唯有不断加强立法、规范执法、完善司法，降低农民群众的维权成本，有效化解农村矛盾纠纷，维护农民群众的合法权

益，健全农村社会法治体系，才能够使农民真正树立法治信仰，形成法治意识。

加强立法。一是应当完善农村法律体系。分析目前《中华人民共和国村民自治法》中存在的不足，并及时进行修订，确保在应对新问题时能够有法可依。尤其需要及时完善土地确权、流转及征收补偿等方面的法律，保障农民的切实利益，使农民感受到法治社会的温暖。二是应当确保立法思想更加理性务实，确保立法内容更具针对性与可操作性；在立法过程中充分尊重农民的主体地位，综合考虑农民的利益需求，使得立法内容能够被广大农民群众所接受。三是应当将法律和有益的乡风民俗融合起来，使农民感受到法律的温度。

规范执法。行政执法人员应当纠正错误思想，坚决摒弃形式主义、官僚主义作风，强化为民服务意识，树立为民服务形象；应当严格按照流程执法，审慎行使自由裁量权，避免执法的随意性，使得农民感受到行政执法人员的公正性；应当杜绝机械的执法方式与以权压法的行为，彰显执法工作的公平性，打造良好执法形象。基层政府应当严格规范行政执法人员的选拔工作，坚持德才兼备、以德为先；应当加强现有行政执法队伍的培养工作，持续提升行政执法人员的法治意识；发挥基层人民代表大会代表的监督作用，督促行政执法人员科学执法，有效维护农民权益，使得农民对法律充满信心。

完善司法。首先，应当坚持司法独立原则，明确执法部门和司法部门的权责界限，确保基层司法部门在履行自身职能的过程中不受干预，强化农民对司法的信心，树立法律的权威性，构建和谐的农村法治秩序。其次，应当合理分配司法资源，提高司法效率，加强乡镇法庭的自主权，使其能够在案件审理过程中自行探索一些有益且高效的审判工作方法，保障农民的合法权益。再次，应当加快农村司法队伍建设，提升农村司法工作人员的整体职业能力与职业道德水平；引导司法工作人员结合农村地区的实际情况，重视法律的灵活运用，在彰显法律权威的同时，兼顾情理，消除农民的畏法、避法情绪。最后，应当强化对司法工作的监督力度，严格制止影响司法公正性的行为，提升司法工作效率，使得农民能够及时有效地获得司法救济，进而使农民树立法治信仰，强化法治意识。

四、大力发展农村经济，提高农民收入

农村经济是国民经济的重要组成部分，是整个国家经济发展的基础。大力发展农村经济，是推进社会主义新农村建设的关键环节，是农村政治建设、文化建设的经济基础，也是提高农民法律素养和法律意识的物质基础和必要条件。

发展农村经济，促进农村建设可以通过以下途径。

第一，加大对“三农”的投入力度。温家宝总理在政府工作报告中多次提出要坚持把“三农”工作放在重中之重，加大“三农”投入，完善强农惠农政策。对此，我们应该提高财政对“三农”投入在财政一般预算支出中的比重，增加农田水利建设、农业综合开发、农村公共产品供给等方面的投入，切实把国家基础设施建设和社会事业发展的重点转向农村，并继续增加对农民的生产补贴。

目前，农村的大部分地区仍然很贫困，要促进整个农村经济的发展，必须重视对贫困地区的扶持。对此，我们应该加大

财政投入，完善扶贫工作机制，进一步加大扶贫开发工作力度；加快发展贫困地区的社会事业，提高农村社会保障水平，切实保障和改善民生；加快贫困地区的交通等基础设施建设，促进与外界的交流；加大对重点贫困村骨干增收产业的培育力度，发展该地区的特色产业；努力提高农民的劳务技能水平，制定一些优惠政策，鼓励支持他们在家乡兴办企业、发展产业。

第二，保护耕地，稳定发展粮食生产。我国是人口大国，要解决这么多人的温饱问题，最主要的是靠我们自己，而不单单是靠进口，这就需要我国大力促进农业生产，尤其是粮食生产。要保证发展粮食生产，首先要保护耕地，实行最严格的耕地保护制度，坚决制止任何组织以任何形式侵犯农民土地权益的行为，同时还要严格征地审批制度，规范征地的程序，提高补偿安置标准，保证耕地能够得到合法、合理、有效的利用。

第三，大力发展农村第二、第三产业，提高非农收入在农民收入中的比重。从目前发展态势上来看并根据有关统计数据，在今后一段时间内，发展农村第二、第三产业仍将是促进农村经济发展，实现农民增收的一条重要渠道。发展第二、第三产业，可以加大对第二、第三产业的扶持力度，鼓励发展个体私营经济；积极采取“引进来、走出去”的策略，强化招商引资；加快景区开发，大力发展乡村旅游业，将现有的现代农业、特色农业建设与当地的自然景观相结合，发展观光农业和乡村休闲旅游等。

第二节　农民专业合作社法

一、发展农民专业合作社的必要性

我国市场经济体制确立后，家庭联产承包经营的农民成为市场主体，如何解决一家一户的农民进入市场问题，是我们现在农村经济发展面临着亟待解决的重大课题。由于受我国传统合作化失败的影响，现在很多人把家庭承包经营与农民合作化对立起来。有的认为稳定家庭承包经营，就不能谈农民合作化，农村推行合作化就会动摇家庭承包经营；有的认为农村家庭承包经营已经不适应农业现代化发展要求，要求用合作化代替家庭承包经营。这两种对立观点，都不符合我国农村经济发展实际情况。动摇家庭承包经营，就会违背农民的意愿，破坏农民生产积极性，家庭承包经营是中国农民的历史选择，是被实践证明了的，是党在农村政策的基石。农民不走合作化，一家一户的农民就不能适应市场经济的发展要求，小生产和大市场的矛盾就无法解决；农民不走合作化，农业专业化生产就很难提高，农民就很难增收，农业现代化就不会实现。农民专业合作社的优越性体现在以下几个方面。

（1）是市场主体的一种补充形式，农民可以有效组织起来建企业，按产业化发展模式发展自身。

（2）有利于农业生产的规模化发展。

（3）有利于提高农业标准化生产水平，产品直接参与国际竞争。

（4）有利于提升产业化水平，减少成本，减少中间环节。

（5）有利于品牌化经营，拓展销路。

（6）有利于提高农民素质。

（7）有利于政府对农业的投资方式，把补贴直接兑现到农户，以后不再对产业化当中的企业进行补贴。财政部每年拿出2亿元对农民专业合作社进行补贴，省、市、县还要拿出配套资金用于合作社的扶持。中央和地方应当分别安排资金，支持合作社开展信息、培训、农产品质量标准与认证、农业生产基础设施建设、市场营销和技术推广等服务。

二、农民专业合作社的登记制度

为了确保农民专业合作社真正成为农民自己主导的合作经济组织，依照我国《中华人民共和国农民专业合作社法》的有关规定，对农民专业合作社设立登记作了以下几个方面的规定。

一是规定了提交的文件。①设立登记申请书；②全体设立人签名、盖章的设立大会纪要；③全体设立人签名、盖章的章程；④法定代表人、理事的任职文件和身份证明；⑤载明成员的姓名或者名称、出资方式、出资额以及成员出资总额，并经全体出资成员签名、盖章予以确认的出资清单；⑥载明成员的姓名或者名称、居民身份证号码或者登记证书号码和住所的成员名册，以及成员身份证明；⑦能够证明合作社对其住所享有使用权的住所使用证明；⑧全体设立人指定代表或者委托代理人的证明。农民专业合作社的业务范围有属于法律、行政法规或者国务院规定在登记前须经批准的项目的，还应当提交有关批准文件。

二是规定了出资方式和评估方式。农民专业合作社成员可以用货币出资，也可以用实物、知识产权等能够用货币估价并可以依法转让的非货币财产作价出资。成员以非货币财产出资的，由全体成员评估作价。成员不得以劳务、信用、自然人姓名、商誉、特许经营权或者设定担保的财产等作价出资。

三是规定了成员的条件。具有民事行为能力的公民，以及从事与农民专业合作社业务直接有关的生产经营活动的企业、事业单位或者社会团体，能够利用合作社提供的服务，承认并遵守合作社章程，履行章程规定的入社手续的，可以成为农民专业合作社的成员。但是，具有管理公共事务职能的单位不得加入农民专业合作社。

四是规定了成员的数量以及农民成员和企事业单位、社会团体成员所占的比例。农民专业合作社应当有 5 名以上的成员，其中农民至少应当占成员总数的 80%。成员总数 20 人以下的，可以有 1 个企业、事业单位或者社会团体成员；成员总数超过 20 人的，企业、事业单位和社会团体成员不得超过成员总数的 5%。

五是对成员身份证明做了具体规定。农民专业合作社的成员为农民的，成员身份证明为农业人口户口簿；无农业人口户口簿的，成员身份证明为居民身份证和土地承包经营权证或者村民委员会（居民委员会）出具的身份证明。农民专业合作社的成员不属于农民的，成员身份证明为居民身份证。合作社的成员为企业、事业单位或者社会团体的，成员单位应提供企业法人营业执照或者其他登记证书。

六是规定了设立登记的程序。申请人提交的登记申请材料齐全、符合法定形式，登记机关能够当场登记的，应予当场登记，发给营业执照。对不能当场登记的，登记机关应当自受理申请之日起20日内，作出是否登记的决定。予以登记的，发给营业执照；不予登记的，应当给予书面答复，并说明理由。

第八章　高素质农民创业创新

第一节　树立创业创新意识

一、创新的基础

一位民族文化巨人曾经说过：一个人不可能抓住自己的头发脱离地球。这句话中的思想内涵是广泛而又深刻的，至少告诉我们一个基本的人生道理：生活于社会中的人们绝不能脱离一定的社会环境，同时也不可能完全脱离环境而独立。只有在一定的生活环境中，人才能健康地成长起来。

与此相一致，一个人不可能割断自己与历史、与父辈间的脐带，而仅靠个人脑海里固有的东西成就一个完善的自我。一个人要立得更高，就必须站到父辈的肩上去。要想获得更大的成就，就不可能离开父辈的教育培养，不可能离开父辈们的成功经验的引导和挫折教训的启迪。同样，一个民族要变得更强大，就离不开全民族一代代人前仆后继的奋斗。这就是人类发展的基本规律。

二、农业科技特派员的职责

农业科技特派员制度是以满足“农民增收、农村发展、农业增效”的科技需求为根本出发点，以市场机制为主、政府引导为辅，以科技人员利益、个人价值实现为导向，通过“利益共享、风险共担”机制建立利益共同体，使科技特派员与农民供求有机结合而形成自下而上的创新型农村社会化科技服务制度。科技特派员制度以科技为纽带，以农民和科技人员为主体，用市场机制重组现代生产要素，通过机制创新和制度创新把技术、人才、资金、管理等现代生产要素植根于农村，是我国农业技术推广体系的新生力量。

各地区结合实际情况，探索了各具特色的科技特派员试点工作的机制和模式，发展和丰富了科技特派员制度，初步形成了以西部地区为主，中部地区积极参与，逐步扩大至东部的格局，均取得了良好的经济和社会效益。

通过引入利益机制，科技人员以资金入股、技术参股等形式，与农民结成经济利益共同体，实行风险共担、利益共享，提高了科技服务的质量与效果；在科技特派员的选择上遵循供需双方择优选择的市场规律，根据农民需要，尊重科技人员意愿，充分调动了科技人员和农民的积极性，实现科技资源供给和农民科技需求的有效结合，提高了科技资源的配置效率，优化了农业产业结构；科技特派员制度注重科技大户的示范带动效应，结合当地资源特色开展产业化开发工作，把服务内容向产前、产后延伸，由单一的技术服务向包括生产资料供应、信息服务、市场销售等综合性服务转变，为建立农村科技推广体系提供帮助。

第二节　创业创新需要具备的基本素质

创业是极具挑战性的社会活动，是对创业者自身的智慧、能力、气魄、胆识的全方位考验。一个人要想获得创业的成功，必须具备基本的创业素质。创业基本素质包括创业意识、创业精神、创业品质和创业能力。

一、要有良好的创业品质

创业之路是充满艰险与曲折的，自主创业就等于是一个人去面对变化莫测的激烈竞争以及随时出现的需要迅速正确解决的问题和矛盾，这需要创业者具有非常强的心理调控能力，能够持续保持一种积极、沉稳的心态，即有良好的创业心理品质。它是对创业者的创业实践过程中的心理和行为起调节作用的个性心理特征，它与人固有的气质、性格有密切的关系，主要体现在人的独立性、敢为性、坚韧性、克制性、适应性、合作性等方面，它反映了创业者的意志和情感。创业的成功在很大程度上取决于创业者的创业心理品质。正因为创业之路不会一帆风顺，所以，如果不具备良好的心理素质、坚韧的意志，一遇挫折就垂头丧气、一蹶不振，那么，在创业的道路上是走不远的。宋代大文豪苏轼说："古之成大事者，不唯有超世之才，亦必有坚韧不拔之志。"只有具有处变不惊的良好心理素质和越挫越强的顽强意志，才能在创业的道路上自强不息、竞争进取、顽强拼搏，才能从小到大，从无到有，闯出属于自己的一番事业。

二、要有全面的创业能力

创业能力是指工资形式就业以外的“自我谋职”能力，这种能力与市场行为相结合就是小型企业的建立，或者说是指一种能够顺利实现创业目标的特殊能力。创业能力的形成与发展始终与创业实践和社会实践紧密相连。创业能力是一种以智力为核心的具有较高综合性的能力，是一种具有突出的创造特性的能力。创业能力包括专业技术能力、经营管理和社交沟通能力、分析和解决实际问题的能力、信息接收和处理能力、把握机会和创造机会的能力等方面。

三、创业中的谈判能力

在创业过程中，创业者要进行一系列的谈判。谈判的结果决定了创业的条件、支付的价格及支付的方法等，与创业的成败有着密切的关系。

提高创业谈判能力可以为创业争取更好的条件，用较少的钱办成较多的事，同时也有可能赢得对方的尊重，为今后的发展创造更好的条件。

由于创业者缺乏经验，又在谈判中承担着最终决策者的职责，而谈判中的结果都会对创业带来一定的影响，所以，在创业谈判中要特别注意以下问题。

（一）谈判前尽可能全面地收集信息

谈判前需要掌握的信息很多，主要有4个方面：一是谈判企业的信息，包括企业的性质、企业的历史、当前的业务状况、企业提供的商品和服务在市场上的口碑，谁拥有企业的最终决策权，该企业在谈判中惯常的做法等；二是可替代产品或服务的信息，包括相关企业的信息，这些企业提供商品或服务的性价比，与谈判方提供商品或服务的比较等；三是谈判内容涉及的有关信息，包括历史上该商品或服务的价格、技术性能指标、市场行情、影响行情的因素变化等；四是在有可能的条件下，掌握谈判方个人的信息，如其历史、爱好、兴趣、主要社会关系等。了解以上信息，可以在谈判中得到更有利的条件。

（二）事先制定谈判的预案

在重大谈判前，创业者对谈判的可能结果要有设想，要确定自己的谈判条件。要设想如果对方不能满足自己的要求时可以做哪些让步及怎样让步。如果对方不让步，还可以有哪些相应的条件和措施。如果对方提出我方意外的条件和要求时需要怎么办。在谈判涉及的内容较多时，还可以做几个预案。在多人参与谈判时，谈判前要商议预案的内容，对谈判进行分工。在准备工作完成时，创业者感到分工和谈判的内容已经明确时才可以前去谈判。没有充分的准备，在谈判现场临时决定，以及没有明确分工和谈判的方案就以小组的形式前去谈判，特别容易在谈判中陷入被动。

（三）不要忙于报价

对于涉及金额较大的谈判，同时又对行情了解不够的条件下，一般不要急于报价。有些商品和服务的价格弹性较大，从不同的角度衡量，以不同的方法计算会有不同的结果。

（四）不要贪小便宜

以微小的让步促使谈判成功，从而确保自身的更大利益是谈判最常用的策略之一。对于没有经验的谈判者，如果被对方的小让步吸引，会有较大的损失。创业者一方面缺乏经验，容易为对方的小让步迷惑；另一方面在谈判中又处于弱势，有时会感到对方的让步来之不易，而忽视对大局的把握。

（五）要考虑长远利益与关系

商业活动需要大量的合作伙伴，与创业者谈判的并非竞争对手，多数是合作伙伴或潜在的合作伙伴。在谈判中，一方面要为自己争利益，另一方面也要注意不损害对方的利益。既不要使用欺骗手法，也不要乘人之危，而要使谈判的结果实现双赢。在谈判中要记住，做生意的另一面是做朋友，只有在商场上有了足够数量的合作伙伴，企业才有可能立于不败之地。在谈判结束时，无论该谈判是否成功，也要为以后可能的合作留下余地，使每一次谈判都扩大自己的合作伙伴。

（六）谈判条件要留有余地

在创业谈判中，有些条款是刚性的，是创业者的底线，超过这一底线就不能再谈了，但既然是谈判，就需要有可商议的条款，要有弹性的条件。如果只有一个条件，只能让对方在同意和不同意间选择，就失去了谈判的灵活性，这种谈判很难达成有利于双方的条款。在谈判前，要认真考虑相关的谈判条件，要有多种预案，要为对方留下一定的空间，谈判的态度要坚决，要保护自己的利益，同时谈判的方法要灵活，要让对方感到通过谈判可以为自己争取利益，愿意谈下去。

（七）要赢得对方的好感且自己要有正确的判断

在重大创业谈判中，很少有人一开始就进入主题，商议关键的条款。此时，双方的话题还未展开，对于对方也不了解，这时就谈关键问题容易使谈判陷入僵局。多数情况下，是先聊聊双方感兴趣的话题，平和心态，双方关系初步融洽时再开始谈判。谈判最忌盛气凌人，居高临下。如果对方对你没有好感，在谈判中很容易吃亏上当。我国著名收藏家马未都曾讲过这样一个故事，一次他们去古玩市场，其中，一个生意人不懂古玩，在市场上看中一个瓷碗，他用脚指着碗对蹲在那儿的卖碗人说，“嘿，这玩意儿多少钱”。对方冷冷地看了看他，“一万二”。经过一番讨价还价，最终这个生意人用 1 000 元买了一个只值 20 元的碗。此事说明，自己没有正确的判断报价且对方对你没有好感时，谈判的结果往往不利。

（八）思索要快，说话要慢

在谈判中，创业者所说的每一句话都会成为对方的条件，快人快语容易吃亏。谈判中切记，要想好了再说话，宁可少说话，不要说错话。谈判虽然有时有一定的时间用于聊天，但这种聊天与朋友间的聊天完全不同，不能将朋友间聊天的习惯用到谈判中。要慎重对待自己所说的每一句话，要对自己的话负责。在谈判中，思考一定要快，既要考虑对方的条件和话中的含义，又要察言观色，认识对方的真实意图，同时，还要斟酌自己的用词，使之正确表达己方的意图。

（九）要把握时机，善于决策

谈判中对于时机的把握有着重要的意义。当谈判的条款达到了我方的预计，可以接受时，要考虑是否立刻接受条件，结束谈判。因为此时如果再继续谈下去，有时条件反而会向不利于我方转变。另外，谈判的目的是为创业创造良好的条件，达到这一目的是最重要的。迟迟不做决定，有时会丧失可以得到的时机。把握时机的关键是谈判前做好预案，根据预案设想决定谈判在什么条件下即可结束。没有事先的准备，仅凭借谈判时的判断，不容易把握好时机。

（十）从谈判的目的出发展示不同的自己

在谈判中以什么面貌出现也是值得注意的问题，仅仅以自己的日常面貌出现有时不利于创业。俗话说，到什么山唱什么歌，在谈判中要针对不同的对象，根据不同的目的，展示自己不同的方面。一般来说，在购物谈判中，不宜以有钱人的面貌出现，要让对方感到你购买这一物品力不从心，已经尽了最大努力时，有利于压低商品的价格。但在争取代理权，争取加工合同，争取贷款，争取外来投资，以及在与进出口商等的谈判中，往往需要展示自己有实力的一面，这样才能得到对方的信任。在这种谈判中，不少新创业的企业虽然没有好车也要租一辆或借一辆去参加谈判。在谈判中还要穿上高档服装，戴一块好表。因为在此时，如果对方感到你没有实力，没有能力，就不愿意与你深谈，从而失去了发展业务的机会。

创业谈判既是一项技能，又是一门艺术，成为一个有能力的谈判人是不容易的。在创业谈判中需要注意的问题还很多，但把握住基本要点，并进行一定的努力，完全可以保证创业的成功。

四、签订创业合同的能力

创业谈判的结果有的是当场成交，有的则还要进入下一步：签订合同，如租房、商品订购、大宗商品交易等。连锁经营也要先签订连锁经营合同，以后在经营管理中还需要签订大量合同。

创业者需要学会在签订合同中识别合同中的问题，保护自己的利益，同时也要学会通过签订合同建立合作关系。

(一) 创业者需要签订的合同

根据调查，绝大多数创业者需要签订以下合同。

1. 租赁合同

绝大多数创业者需要租用土地、房屋，有些创业者还需要租赁部分设备、车辆。而租赁合同涉及的金额较大，时间较长，对创业成败的影响很大。如有的创业者签订的租赁场地合同规定的租期很短，合同到期后，对方可以提高租金。此时，企业搬迁损失很大，不搬负担加大，陷入两难的境地。也有的创业者在租用农田后又进行了改造，由于合同规定的租期短，农田改造刚刚见到成效，合同就到期了，此时出租方既可以提高租金，又可以回收土地，而创业者处于非常不利的地位。另外，创业又有前景不确定的特点，如果将租期定得很长，一旦创业不利或创业后发展较快，都需要对场地、场所等进行调整。此时，过长的租期会使创业者处于两难的位置，也不利于创业。因此，应根据创业者的实际情况，酌情签订合适租期的租赁合同。

2. 购销合同

所有的创业者都会签订购销合同。创业的生产型企业所需要的原材料、零部件以及设备等需要购买，有些设备还需要定制，完成这些需要与销售方或生产方签订采购合同。创业期间，企业常常委托批发商、超市、代理商组织销售，这些工作也要签订合同。从社会现时来看，部分老企业由于有长期业务关系，可以通过口头协议完成交易，而创业企业在市场上缺少这种关系和信任，产品的销售多需要签订销售合同。

3. 用工合同

多数农民创业企业中的员工虽然少，但根据国家规定，对所招收的员工也需要签订用工合同。签订用工合同既是对企业的一种约束，使企业有了义务，有了压力，同时也是对员工的一种约束和保障。从企业发展的实际可以看出，企业的发展离不开员工的努力，通过与员工签订合同，员工感到自己的利益有保障，有利于发挥员工的积极性和创造性，使员工与企业共同发展。

4. 技术合同

技术是企业发展的主要动力之一，是提高竞争能力的关键因素。对于生产和经营性企业来说，需要有关部门为其提供科技服务，需要购买相关技术，需要与有关企业或单位签订科技服务、科技开发、科技咨询等合同。通过这类合同，可以发挥科技单位的作用，促进企业的技术进步，在市场上取得更为有利的位置。

5. 代理合同

代理合同中有销售代理、委托代理、广告代理等。诸多小企业在创业中采用代理方式销售其他企业的产品，就要通过代理合同明确双方的权利、业务和责任。同时，也有大量的小企业通过委托代理的方式等，将自己生产的产品销售到全国甚至世界各地。还有大量的创业小企业将内部事务交有关代理机构负责处理，如目前就有不少小企业将企业的会计业务甚至部分办公业务交有关公司办理。这样不但减少了开支，而且也能保证业务的专业水平，在这些事务中，有不少需要签订服务代理合同。

除上述合同外，创业企业还经常需要签订运输合同、工程合同、仓储合同、承包合同、保险合同、外贸合同等。可以说，合同涉及企业对外业务的各个方面，签订合同是创业者处理相关业务不可缺少的一个环节。

（二）合同的主要内容

虽说创业合同可以有口头和书面两种形式，但口头合同缺乏证据，即所谓空口无凭，倘若发生纠纷解决比较困难，故涉及较大金额和较长时间，内容比较复杂的事物多用书面合同。

创业涉及的书面合同一般包含以下内容。

1. 当事人的基本情况

如果当事人是自然人，要注明姓名，同时要写明其户口所在地或经常居住的地方。法人则写明其名称、单位负责人、办事机构的地址、电话、传真等。

2. 标的

即合同中双方商谈的各自权利与义务。合同标的条款必须清楚地写明双方确定的各自权利和义务的名称与范围。如所租是哪一房屋，承包的是哪一块土地等。

3. 质量和数量

质量和数量的内容要十分详细和具体，要有技术指标、质量要求、规格、型号等。数量条款也要确切。首先，应选择双方共同接受的计量单位；其次，要确定双方认可的计量方法；再次，还需要规定可以允许的合理误差，以及产生误差后的解决办法。例如，双方谈定甲方购买乙方的500箱苹果，但在装车时发现，所定的运输车辆只能装482箱。如果合同中没有规定合理的误差，会给合同履行带来不少问题。

4. 价款或报酬

在合同中，除应当注意采用大小写来表明价款外，还应当注意在部分合同中价款的其他内容。如有的合同价款内容中还要有对于运费、保险费、装卸费、保管费等的规定。

5. 履行期限

指履行合同内容的时间界限。合同要在哪一时间段内履行，提前时有什么规定，超过时间后如何解决。如果是分期履行，还要列出分期的时间。

6. 履行的地点和方式

合同中还需要列出在何地，以何种方式履行合同的内容。

7. 违约责任

违约责任是因合同一方当事人或双方当事人的过错，造成合同不能履行或不能完全履行，过错方应承担的民事责任。增加违约责任条件可促使合同当事人履行合同义务，对维护合同当事人的利益关系重大，也是谈判的重要内容之一，谈判双方在合同中应对此予以明确。另一方面，违约责任是法律责任，即使在合同中当事人没有约定违约责任条款，只要当事人未依法予以免除，则违约方仍要承担相应的民事责任。

8. 解决争议的方法

当事人可以在合同中约定对于合同执行中发生争议的解决办法。一般情况下，谈判双方对争议应首先自己协商，如果协商不能解决，则还需要列出，是通过仲裁还是通过法院来解决纠纷。

9. 合同中约定的其他内容

如合同的份数、签订的时间及签订人等。一份内容完整的合同在双方签字或盖章后就有了法律效力。

第三节　高素质农民创业

一、确定农业创业项目

通过认识农业创业的优势后，创业者在创业时要做的第一件事情就是要选择做什么行业，或者是打算办什么样的企业，如在土地里选择种植什么、池塘里选择养殖什么、利用农产品原料加工成什么新产品、为农业生产提供什么服务等，也就是要选择农业创业项目，这是创业者在创业道路上迈出的至关重要的第一步。

（一）如何选择好创业项目

（1）选择国家鼓励发展、有资金扶持的行业。这是选择好项目的先决条件。因为国家鼓励的行业都是前景好、市场需求大的行业，再加上资金扶持，较易成功，如现代农业、特色农业正是我国政府鼓励发展的行业。

（2）选择竞争小、易成功的项目。创业之初，资金、技术、经验、市场等各方面条件都不是很好时，如选择大家都认为挣钱而导致竞争十分激烈的项目，则往往还没等到机会成长就被别人排挤掉了。成功的第一个法则就是避免激烈的竞争。

目前人们的传统赚钱思路还在于开工厂、搞贸易上，因而关注、认识农业的人很少，竞争很小，只要投入少量的资金即可发展，有一定的经商经验及文化水平的人去搞农业项目，在管理、技术及学习能力上都具有优势，比现在从事农业生产的农民群体更容易成功。

（3）产品符合社会发展的潮流。社会在发展，市场也在变化，选择项目的产品应符合整个社会发展的潮流，这样产品需求会旺盛。目前我国的农产品价格还处于较低的价位，随着经济和生活水平的不断提高，人们对绿色食品、有机食品的需求会越来越大，产品价格也会逐步走高，上升空间大，经营这些项目较易成功。

（4）技术要求相对简单，资金回笼快。对于中小投资者而言，除了资金回笼快、周期短外，同时项目成功的因素还取决于其技术的难易程度，这也是保证项目实施顺利、投资安全的因素，因此，选择技术要求相对简单的种植、养殖加工项目风险较小。

（5）良好的商业模式。商业模式是企业的赚钱秘诀。好的商业经营模式可以提供最先进的生产技术和高效的管理技术以及企业运营的良好方案，这样可省去自己摸索学习的代价，能最快、最好、稳妥地产生效益。

二、制定创业计划

在寻找到创业项目之后，形成一份创业计划是必不可少的。因为有创业项目后，还必须考虑合适的创业模式、恰当的人员组合和良好的创业环境。制定创业计划，就是使创业者在选定创业项目、确定创业模式之前，明确创业经营思想，考虑创业的目的和手段，为创业者提供指导准则和决策依据。

三、实施创业计划

（一）提高创业管理层的素质

创业是带领一批人从事以前没有经历过或者很少经历过的事业。在诸多问题中，凝聚力、向心力是一个首要问题。基于这一点，创业者的管理层就要有高尚的人格魅力，并有严格的管理制度。通过这些条件集合，可以把企业中的从业人员吸引在管理者的周围，也能够吸引人才。只有使从业人员在跟着管理人员创业的时候，感觉有意义、有价值、有前途，也愿意为企业发展尽力拼搏，这样，创业就有获得成功的希望。

如果缺少高尚的人格魅力，参加创业的从业人员基于某种需要也能够跟着干一阵子，但是很难持久，一旦有了更好的去处就会离职。从人才流动的情况来看，也是正常的，但是却给创业者造成了损失。有时候，这种损失是无法弥补的。

如果缺少严格的管理制度，制度的约束作用就会大大减弱，就会给企业生产带来损失，导致创业出现很多问题，甚至创业失败。

（二）降低企业的生产成本

降低企业的成本，就是要在企业的生产过程中，节省一切不必要的开支。把每一分钱都用到必须用的地方。一般说来，降低生产成本应该注意 4 个问题。

1. 制度的制定与落实

企业的生存和发展是有很大难度的。要想使企业发展顺利，应该建立一套相应的管理制度，特别是财务制度，从制度上杜绝一切不必要的成本。制度制订之后，还要在一定范围内进行学习，从而更好地促进制度的落实。

2. 设备改进与科技更新

对生产上的一些高耗能、低效率、污染重的落后设备进行有计划的淘汰，同时引进相应的低耗能、高效率、无污染的设备。企业设备的完好率与正常生产率也是一个值得重视的指标。这就需要企业有一支技术过硬的设备检修与保养队伍，要求他们不仅技术过硬，还要有责任心，出勤率高，才能够达到这样的效果。同时，还要注意引进一些实用的高新科技，利用高新科技生产出优质产品，并促进企业的整体效率提高。

3. 加强教育，树立勤俭办企业的精神

应该对创业队伍加强勤俭办企业精神的教育，并把这样的要求落实到创业的方方面面。理想的状态是所有的创业队伍人员都应该有这样一个概念："该花的钱就花，不该花的钱一分也不能花。"对于有那种企业不是我的、垮了与我没关系的思想的人，应该予以批评，并在制度上予以限制。

4. 违规现象的惩罚效应

在企业的创业过程中，因为各种原因，会有一些违规现象出现。如何处理这种现象，也事关企业生存与发展。按照制度管事、制度管人的原则，对于违反相应制度的人和事，应该按照制度的要求，进行相应的批评、赔偿、处罚。这是因为，一次不处理，就会以后产生更多的违规现象，数量和影响也会越来越大，直到无法收摊。"小洞不补，大洞吃虎"的意思就是这样。

此外，创业者还要通过生产实践观察，对那些在经济上过不了关的人要慎重使用，以免产生不必要的损失。

（三）规避市场风险

1. 增强企业全部人员的风险意识

在充满激烈的市场竞争中，要使企业所有人员都有防范市场风险的意识，明白“生于忧患，死于安乐”的道理，并将这些风险意识落实到企业的生产和管理中。这是企业规避和防范市场风险的前提。

2. 强化信息和管理意识

要注意捕捉、分析市场信息，将有效的信息融入企业管理中，提高企业营销计划的准确性，控制不必要的成本。

3. 坚持优质生产，树立优质品牌

要坚持优质生产，保证企业产品的品质优越，并做一定范围的宣传，让更多的消费者了解本企业的质量。

4. 保证物资供应，避免积压

对企业所采购的大宗物资，必须采用质量、价格的竞争，货比三家，严防质次价高现象。在管理上可采用“代保管库”方法，降低保管成本。在保证生产需求的前提下尽量避免物资积压。

5. 保证销售畅通

要采用大户和散户相结合的方法，减少赊销。对重点大户保证份额，散户现款现货，提高营销计划的准确性，降低营销风险。

6. 严格制度管理

应该在财务管理与经济核算、项目投资、资源配置、人才管理等方面，严格按照计划的方案落实，严防制度立而不行。对于特殊情况，需要有企业高管商议后实施。

第九章　提高经营管理素质

无论是安排生产，还是组织经营，都必须以市场为导向。市场问题实质就是产品销路的问题，市场的手段就是信息的收集、分析和利用，市场是从业者安排生产的出发点和落脚点，是发展特色农业的根本保证。

经常听到许多地方水果丰收了，却卖不出去；蔬菜丰收了，却烂在了地里；药材丰收了，却卖不到好价钱。农民辛辛苦苦劳作一年，却收获无几，甚至血本无归。也经常听到农民抱怨：现在庄稼越来越不好种了，价格高时没得卖，种多了又烂市。这些现象让人心酸，也令人担忧。

随着我国市场经济不断深入发展，特别是与国际接轨后，市场对于农业生产的影响，越来越大。

要改变这种状况，必须要提高市场意识，高度重视市场信息的研究和利用。只有这样，才能更好地进行农业生产，有效规避市场风险，实现致富奔小康。

什么是市场意识？简言之就是按照市场需求变化进行生产，按照市场经济规律寻求发展的意识。通过市场检验产品的质量，通过市场树立产品形象，通过市场实现致富梦想。而市场信息的正确理解和使用，是树立良好市场意识的重要环节和手段。

第一节 农产品营销管理

随着信息技术的迅猛发展，农产品市场信息对农产品产销影响巨大。因此，提高广大农产品生产者对市场信息的获取能力，满足其对市场信息的需求，可推动农产品市场营销。

一、市场信息的获取与发布

（一）获取农产品市场信息的渠道

目前最具权威的是农业农村部主办的“中国农业信息网”，该网专门设有“供求热线”“信息联播”“科技推广”“外经外贸”等栏目，还与农药、菜篮子、种业、花卉、畜牧兽医、农产品供求、水产、绿色食品等行业网站有链接，另外还与各省（自治区、直辖市）的农网、农业信息网有链接。

“中国农民经纪人网”网站上有“农产品信息”“供求信息”“进出口信息”以及26个不同类别的“交易平台”等栏目，这个网站上面还有很多与农产品经理人有关的专门的知识介绍，值得农民朋友去看看。

“金农网”及很多网站都有很多值得关注的信息。

（二）农产品市场信息的发布

农民朋友可以将自己所有的关于农产品、农业生产资料的供应、需求信息公布到相关媒体上，以期得到相应的货源或销售渠道，这就是信息发布。

常用的信息发布渠道包括报纸、杂志、广播、电视、网络等。

此外，一些更容易传播信息的发布手段如电子邮箱、QQ、聊天室、博客、微信、视频、网店等现代网络信息发布的形式越来越受到消费者的欢迎。

二、市场营销管理

长期以来，农贸市场一直是我国农产品营销渠道中最为重要的销售终端。这种传统的零售终端存在诸多无法回避的问题，如质量保证问题、经营不规范问题等。为了进一步提高农产品的运转效率，尽最大努力缩短供应链长度，很多学者提出“农超对接”模式。所谓“农超对接”，是由商家和农户签订意向性协议书，由农户直接向超市、便民店和菜市场供应农产品的新型供应方式。这种方式为优质农产品直接进入超市搭建了平台，本质上将现代供应方式引入农村，去掉了农产品流通的中间环节，给农户和消费者最大的利润和实惠。

（一）农超对接

超市作为一种新型现代营销业态已逐渐被市场接受，在近几年也逐步涉足农产品销售领域，成为农产品零售营销渠道中的一匹黑马，并与传统的社区集贸市场在零售终端展开了激烈的竞争，成为百姓购买农产品的新渠道。由于传统的农产品流通渠道过于复杂，造成农产品在流通过程中层层加价，造成城市百姓生活负担加重的同时，农民也并未增加收益。政府一直在鼓励开展“农超对接”，也正是看中了超市在商品流通中的重要作用，旨在打造高效安全的农产品营销网络，使之与城市经济发展相适应。近几年，随着CPI（居民消费价格指数）的高涨，政府十分注重控制农产品的价格增长，以农业农村部为主导的相关部门，正在全国各地大力推行“农超对接”的新型农产品供应模式，努力降低中间流通成本，保障产品质量。

目前，我国的农产品销售终端以“农贸市场”为主，连锁店和超市的销售量只占较低份额，连锁店和超市的农产品销售业务近几年来呈现出较快的发展势头，但目前其销售量仍然非常有限。而在发达国家连锁超市已成为农产品零售的主要形式，显示了现代化零售业与现代化农业对接的优越性。“农超对接”主要发展模式可分为以下几种。

1. “超市+农民专业合作社+农民”模式

这种模式是指超市通过专业的农民合作社与农户联系，向符合要求的农民专业合作社进行采购，由合作社组织社员进行生产。具体操作过程是：由超市成立专门的“直采”小组，在全国各地的农民专业合作社中挑选能生产出符合要求的优质农产品的合作社，与他们签订协议，开展合作，并提供相关的技术指导及支持，然后合作社组织农民生产，提供安全优质的农产品。这种模式的典型代表是家乐福超市所实行的“农超对接”。家乐福的“农超对接”都是大宗采购，一般不与分散的农户合作，通常通过各地的农民专业合作社进行“直采”，一是因为有对接采购量大的基础，二是可以统一执行超市的采购标准。家乐福定期对合作社进行相关培训，提高合作社的管理能力和生产技术，帮助合作社在当地寻找物流和包装供应商，加强合作，达到共赢。

2. “超市+农业产业化龙头企业+农民”模式

这种模式是超市自己或通过专门的农技咨询公司，寻求优质农产品产地的农业产业化龙头企业，由这些龙头企业组织农民生产，超市在生产、加工和市场运作等方面进行监管指导，然后委托第三方机构对农产品的质量进行检测，合格的农产品由超市收购，通过超市售卖给消费者。麦德龙超市是这种模式的典型代表，它不像家乐福那样直接与农民专业合作社合作，而是成立专门从事农技指导、咨询和培训的农技咨询公司，与相关的农业产业化企业合作，对当地农业组织进行指导，创立全新的供应链，提出科学的标准化生产流程。

3.“超市+基地+农民社员”模式

为了保证超市生鲜食品的安全，突出生鲜食品的经营特色，强化管理，企业从生鲜食品的采购、加工到销售，全部实行自主经营，建立无公害蔬菜生产基地，与农户签订种植协议，积极发展订单农业。家家悦作为此种模式的代表，采取的做法是与镇政府和村委会合作，共建种植和养殖基地，统一进行集散、加工、贮存、交易和配送，引导农民进行订单生产。

（二）“农超对接”的优势

与传统的农产品供应链相比，“农超对接”加强了各部门之间的联系，将千家万户的小农生产与千变万化的大市场连接起来，满足多方需求，实现农民、商家和消费者的共赢，并且这一模式有可能引起农村经济社会的新一轮变革。

1.“农超对接”给农户带来的效益

（1）保证农产品市场的稳定。在开放的市场环境下，为了更好地促进农产品的销售，农民需要对农产品和市场有足够的分析能力和预见性。由于信息不对称，农民自身文化素质较低，往往不能很好地估计市场。“农超对接”使农民由传统的当地销售转为同超市长期合作，减少产品成本，提高单位面积产出，增加效益。超市给出合理的价格区间，有利于农民摆脱市场价格频繁波动带来的不利影响。

（2）提升农民获利空间。“农超对接”最明显的优势是减少了中间环节，节省了流通成本，降低了交易费用，有利于农民提高农产品的采购价格。如果农民自己到市场上出售蔬菜水果，或者经过“农户—地头经理人—地头市场—区域批发经纪商—批发经纪商—农贸市场商户或超市供应商—消费者”的长渠道售卖农产品，所获利润很低，而通过“农超对接”，农民与超市直接合作，可帮助农民获得较高利润。

（3）促进农户间合作，调整农业生产结构。“农超对接”客观上使农户之间加强联系，加快了农民专业合作社的发展，这样不仅有助于实现农业生产的规模效益，促进农产品生产规范标准化，而且可以引导农户做出市场导向的生产行为，建立市场导向下的农业生产结构，增加效益。

2. “农超对接”给超市带来的效益

（1）减少中间环节，获得更多产地信息。传统的农产品营销渠道，从田间地头到消费者餐桌，农产品要经历农民、经理人、批发商、运输商、批发市场、超市供应商、超市等众多环节，费时费力，不仅增加流通成本，还易造成农产品的腐烂。“农超对接”减少了中间流通环节，缩短了流通时间，提高了农产品的新鲜度，而且超市与农户的直接联系密切了双方交流，使超市获得更多的农产品产地信息，有益于超市长远发展。

（2）加强控制农产品生产和流通环节。“农超对接”并不是简单地减少农产品流通的中间环节，而是由农民和超市一起扮演好中间环节的角色，变外界做为自己做。农民与超市直接对接，促使超市标准前移到田间地头，以市场为导向进行农业标准化生产。

（3）有利于农产品的可追溯性体系建设。“农超对接”使超市可以控制与监管农产品生产的上游，建立农产品可追溯性体系，进而保证超市销售农产品的安全性。在这种模式下，超市更多地参与到农产品的上游生产中去，从标准制定、技术指导到质量检验，从加工、生产到配送的各个环节保证农产品安全。此种优势满足了消费者对食品安全的要求，使得超市比农贸市场更具吸引力与竞争力。

3. “农超对接”给消费者带来的效益

“农超对接”模式下超市会对农产品的生产、加工、配送、销售各环节进行质量检测，并对所售农产品质量实行可追溯保证，保证消费者“买得放心，吃得安心”。而且，超市直接采购，缩短了渠道长度，减少了中间环节，一方面确保了农产品的新鲜度，另一方面也使得农产品低价成为可能，保障了消费者的利益。

构建新型的农产品营销体系，必须要逐渐建立以超市连锁经营为主体、以农贸市场为辅助形式的农产品零售终端系统。“农超对接”可以说是完全省略了中间环节，但是在实际运行中发现很难实现农超的直接对接。据近期统计显示，连锁零售企业蔬菜和水果占生鲜销售比例分别为22.13%、23.66%，其中超过80%的企业由总部统一采购，只有16%的企业以产地或基地为主。究其原因，相对于标准化的超市经营，还处于初级阶段的农户规模小、起点低，在超市强势话语权下，超市开出的条件让很多农户无法接受，农户的“人微言轻”，使得本应在“农超对接”中受益的农户都抱怨没有赚到钱，所以在实际对接中仍然面临诸多的障碍。在我国的农产品供应链运转中，完全省略中间环节，至少在目前是不合适也是无法完全做到的，提高效率的同时也需兼顾各方利益。农产品供应链的运转需要农村经理人，而要提高农户的话语权，改变被动的地位，争取尽可能大的利益，就必须提高农村经理人的组织程度，换句话说，就是农产品供应链高效稳定运转需要农村经理人组织化。

三、农产品的网络营销

(一) 农产品网络营销的必然性

农产品网络营销是指在农产品销售过程中全面导入电子商务系统，利用信息技术，进行需求、价格等发布与收集，以网络为媒介，依托农产品生产基地与物流配送系统，开拓网上销售渠道并最终扩大销售的营销活动。

近几年，我国农产品直接面对国外农产品的强势竞争，小生产和大市场的矛盾对我国农业竞争力提高的束缚更加明显。再加上农产品生产者现代营销意识不强、农产品市场细分不足、流通渠道不畅、缺乏有效的农产品促销等问题，这就需要政府、农产品生产者和农产品市场中介组织共同努力才能有效解决，网络营销的兴起为解决这一问题提供了新的思路。一方面，网络营销能够打破时间空间限制，建立更加广阔的虚拟农产品市场，农业生产者足不出户就可以在全球范围内和买方进行沟通洽谈，从而降低农产品生产销售的成本；另一方面，农业生产者可以借助网络统一规划、协调不同的营销活动，网络营销可由农产品信息获取、农产品在线交易、支付到售后服务一气呵成，是一种全程的营销渠道，甚至对于某些特色农产品完全可以实现订单营销，通过网络获取客户订单，按照客户需求进行农产品的生产。

（二）实行农产品网络营销的重要意义

（1）获取市场信息，增加交易机会。互联网能够将信息传送到世界的每一个角落，实行农产品网络营销，可以运用先进、便捷的网络技术，建立农产品市场信息系统，使农产品生产者与消费者及时了解到国内外农产品的品种、数量、供求情况、价格变化等信息，打破时空限制，实现交易主体多元化，为农产品生产者与消费者提供了更广阔的商机，增加交易的机会。

（2）减少流通费用，降低交易成本。实行农产品网络营销，生产者能直接和消费者进行交流，减少农产品流通环节，缩短流通链。很多调查表明，基于网络发布信息和销售商品，不需要支付摊位费、产品陈列费，也不需要投资大额的固定资产，这使得交易成本显著降低。

（3）引导科学生产，避免盲目跟从。实行农产品网络营销，生产者可以直接迅速地了解市场信息，根据市场的需求及价格变化，科学组织生产，市场需要什么，就生产什么，避免由于盲目生产而带来损失。

（4）打造产品品牌，树立产品形象。与传统的农产品销售方式相比，网络媒体具有制作速度快、覆盖能力广、动感效果优、宣传成本低的优势，这些都有利于产品品牌声誉的建立。

（三）推进农产品网络营销的对策

（1）加强农村网络工程建设，提高网络普及率。近年来，政府和基础电信企业在农村地区网络基础设施建设方面做了大量工作，农村网络条件得到了极大改善，但部分农村地区的网络铺设还没有到位。同时有些地区虽可以上网，但是网速非常慢，网络使用效率低，极大地影响了网民积极性。政府应该为农民上网创造更好的条件，加大对农村网络建设的投入力度，不断完善农村地区上网条件，并提高农村网络带宽的服务能力，加快农村互联网发展速度，进一步提高农村互联网普及率，缩小与城镇的差距。

（2）改善上网设备，降低上网成本。网络基础设施是推进网络营销在农村地区普及的前提条件。一方面政府应该有效落实“电脑下乡”政策，改善农村网民的上网设备。目前农村地区个人电脑拥有率仍较低，许多农民由于没有电脑等上网设备而无法接触和使用互联网。故应进一步使优惠政策落到实处，针对农村地区消费水平和消费习惯，以更实用的配置、更实惠的价格，满足农村地区对电脑等上网设备的需求。另一方面应加强农村公共上网场所建设。目前农村单位、学校、网吧等公共场所的上网条件远低于城镇发展水平。政府应加大对农村公共上网场所建设的投入力度，企业也应该强调自身的社会责任感，共同致力于农村地区公共场所上网条件的改善。

（3）完善农产品物流配送体系。物流配送是网络营销的关键环节，它的效率高低和安全与否关系农产品网络营销的成败。而农村地区物流不发达，甚至很多偏远山区缺少物流配送，成为农村农产品网络营销发展的瓶颈。当前农产品物流服务可考虑由第三方物流公司完成，依靠批发市场本身所拥有的资源，或由买卖双方自行协商完成。此外，物流配送还要重视农产品本身的特点，使用保鲜等新技术，对农产品妥善贮运，做到物流及时顺畅，保证农产品新鲜上市。

（4）加强农产品网络营销人才的培养，提高农民信息化能力。农产品网络营销人才是发展农产品网络营销的重要保证。当今农产品网络营销人才缺乏，地方各级政府需加大农村职业教育投资力度，建立农村技术培训班、农民夜校等多种农村职业教育培训机构，为农民进行相关技术培训指导，提高农民网络技术、商务技术、营销管理技术和现代农业知识水平，切实提高农户信息意识以及信息获取分析使用的能力，培养大量从事农产品网络营销的技术人才，为我国农产品网络营销发展奠定坚实的社会基础。只有加强人才队伍的建设，提高网络信息观念，充分利用网络信息资源，才能促进农产品的网络营销。

（5）提高农产品品质，加快制定农产品标准体系。为适应农产品网络营销发展的要求，政府应加大对农产品标准化建设的投入，加快制定农产品种植、生产、包装等标准体系，把标准化生产和管理纳入农产品生产和销售的全过程。认真分析研究和引进国外先进农产品标准，加快我国农产品标准化的进程，提高我国农产品标准化的水平。应该推动农产品认证、危害分析与关键控制点认证，促进标准化生产和实施品牌战略，主要品种逐步实现从农产品种植到包装的标准化，着力改善网络营销的环境。如农业合作组织、农村合作社等，可以和农户结成稳固联盟，以利润最大化为目标来合理安排各农户的种植时间，实行统一技术指导、统一销售、统一品牌。做好农产品的质量保障监督，全面提高农产品科技含量，以优良的品质和外观形象适应激烈的市场竞争，促进我国农产品网络营销全面普及和发展。

(6) 建立安全可靠的信用支付体制。网络技术安全和信用安全是实现网上交易的重要保障。加强网络技术安全的建设，完善信用体系及与之相关的法律、法规，切实保障农产品生产者和消费者的利益。

(四) 充分利用网络资源开展多样营销活动

(1) 农产品信息发布。农产品营销者可以将农产品信息和服务发布在公司网站上，以这种方式提供给客户；或者在重要会议、公众信息、政府和非营利活动中发布广告赞助页面，在这些页面上通过一个超级链接指向自己的公司。值得注意的是，农产品信息发布应该具有全面和实时的特点，而且保持实时更新，便于需求者及时获得农产品的供应信息，并进行订购。

(2) 农产品网络调研。网络调研一方面可以了解市场行情、各地市场信息、供需情况、价格走势，以便于制定种植、生产加工、销售等计划。另一方面，通过网络市场调研系统可辨识潜在需求群体，通过顾客反馈信息可了解其对农产品的满意程度、消费偏好、对新产品的反应等。

(3) 农产品网上直销。农产品网上直接销售的途径很多，既可以在自己的站点上直接销售，也可以加入电脑网络广场和虚拟电子商场，让顾客访问时在页面上任意挑选，当他决定购买时可以在线完成订购过程。

(4) 农产品网络促销。农产品虽然多为消费者所熟悉，但网络的宣传和推广仍是不可缺少的。作为农产品，我们仍然应该可以采用网络中的促销手段进行推广，如网络广告宣传、利用网络聊天的功能与顾客沟通了解需求、与非竞争性的厂商进行线上促销联盟或采用博客营销和邮件营销等手段来吸引消费者。

(5) 加入专业经贸信息网和行业信息网。目前，很多专业的经贸信息网提供了大量的农业信息。农业方面的行业信息网也陆续出现，如中国农业信息网。各省市也开办了该地区的农业信息专门网站，用以提供农业方面的供求信息。这些行业信息网目标定位更为明确，网站信息也很专业实用，加入网站成为会员即可发布供求信息，为农产品买卖双方寻找合作伙伴提供了一个方便、快捷的平台。

网络营销为农产品的销售提供了更为广阔的平台，虽然这一新兴营销方式在农产品的营销实践中还面临着诸多制约和障碍，但随着政府支持力度的不断加大和消费观念的不断转变，我国农产品网络营销必将发挥更大的积极作用。

四、农产品营销战略与策略的创新

在传统的农产品运销观念指导下，农产品生产经营主要依靠农产品的贮存与运输、推销与促销等手段来实现扩大销售。农产品市场营销通过围绕目标市场需求的变化，综合地运用各种营销战略与策略，并加以优化组合，不断创新，通过比竞争对手更加有效地满足目标市场的需求来实现企业增长和利润的实现。农产品市场营销更多的要考虑农产品的特有属性，并结合现代市场营销的市场调查、市场细分、市场优先、市场定位、产品策略、价格策略、渠道策略、促销策略、政治权利和公共关系进行战略定位和营销创新。

第一，农业是弱势产业，世界各国都要获得政府的产业发展政策支持，经营者应该积极地发挥和利用好政府力量，获取产业支持和渠道建设、宣传推广的支持。另外，农产品的市场营销，更要瞄准如何提高其附加值，除了满足消费者基本的食用功能外，更多地深度开发和挖掘产品的价值，不断地满足消费者的附加需求。例如，通过生产管理过程的提升，生产出绿色有机的农产品，满足人们对食品安全的需求；通过农产品的深加工，满足人们对健康和食用便利性的需求；通过对农产品地域文化和历史文化的挖掘，满足人们对食文化的需求；通过对产品的外在包装和设计改进，满足人们把农产品作为礼品的需求。总之，准确把握农业的产业特点，不断满足消费者对农产品的个性需求，是目前农产品营销战略和市场策略的核心。

第二，应该充分重视战略性营销，用好“市场探查”“市场分割”“市场优先”“市场定位”等战略性组合。农业产业化经营必须源于对农产品消费需求的深入探查和仔细研究，通过市场研究，寻找潜在需求，捕捉市场机会。根据一些细分变量来分割市场，进行比较、评价，选择其中一部分作为自己为之服务的目标市场，针对它的需求特点开发适宜的产品，制订合适的价格、渠道、促销策略，实现产品的既定目标。

第三，充分利用好“产品策略”“价格策略”“渠道策略”“促销策略”等战术性组合。由于四大策略各自包含若干个具体策略，形成各自的亚组合，如产品策略中就包括诸如产品组合策略、新产品开发策略、包装策略、品牌策略以及产品生命周期策略等。因此，高绩效的市场营销活动不仅在于这四大策略的灵活运用和不断创新，而且在于灵活运用和有效组合每一个亚策略，形成动态优化组合，协调一致为顾客需求服务。

第四，要积极应用“政治权利”和“公共关系”。由于农业是弱势产业，比较利益低下，资金紧张，农业产业化经营系统一般难以进行广泛的宣传和促销，往往要充分依靠“政治权利”和“公共关系”这两个策略。一方面，积极利用政府力量，获得宣传支持，引导百姓消费，扩大有效需求。另一方面，农业产业化经营系统应积极参与社会活动，改善与社会各界的关系，树立良好的形象，获得社会各界的关心和支持，通过公共关系达到宣传促销目的。农业产业化经营系统可以利用报纸、电视台等大众媒体以及其他社会机构为农产品营销创造有利的外部环境。

第五，农产品营销品牌化策略。农产品品牌建设与管理的创新品牌建设是农产品走向国际与国内市场的必然趋势和重要手段。对于农产品而言，其生产具有完全的开放性，产品差异性小，如何对农产品的品质加以区分，以及提升农产品的附加值，品牌建设就显得尤为重要，是面对激烈市场竞争环境的一张有力王牌，也是解决农产品销售难、提高农民收入的重要途径。

农产品品牌的创立有其天然性和市场性。有些农产品的品牌是和地理标志及历史文化紧密联系在一起的，这就需要地方经营者合理地加以开发和管理，“西湖龙井”“荔浦芋头”“陕北大枣”等品牌，就是很好地利用了当地的地域品牌，在同类商品的竞争中，获取了市场的更多认可和青睐。对于市场性品牌，更多的是随着农产品经营企业的规模不断扩大，为了形成和保持其在市场中的优势地位，获取消费者认可和对产品的忠诚度而主动建设的品牌，如“福临门”食用油、“阳澄湖”大闸蟹、“果园老农”干果等。通过品牌建设和管理，能够使企业在市场中获取更多的无形价值，是解决农产品同质化严重、价格恶性竞争的重要手段。

农产品的品牌建设，是农业由传统的自给自足小农经济向现代农业转变的一个重要标志。农产品要想更广泛、更持久地进入市场，就要以一个新的形式和面貌出现，品牌无疑是时间最好的一个市场载体。农产品经营企业通过产品品牌的打造，体现了同竞争者的差异化，有利于消费者对自己品牌的辨别和忠诚度的提升。

第六，农产品加工化策略。农产品加工是指以农业生产中植物性产品和动物性产品为原料，通过一定的工程技术处理，使其改变外观形态或内在属性的物理及化学过程；同时也是通过一定的管理技术处理，使其由初级产品转变为制成品，连接农业生产与居民消费的经营过程。目前，农产品中直接能够进入生活消费及工业生产的种类并不多，因此，农产品加工是不可或缺的产业。农产品加工作为农业产业的延伸和农产品价值增值的必要过程，是每一个经济体不可缺少的环节。农产品通过加工增值的例子比比皆是，农民投资办加工企业不仅获得了农产品的增值部分，同时也获得了加工的收入。20 世纪 80 年代，江苏省兴化市不少乡镇的大葱卖不掉，烂在田里，倒进河里，造成河水污染。近几年，本地农民先后投资办起了十多家大葱加工厂，加工脱水葱、方便面调料出口到韩国和中国台湾等地，全市大葱面积由万把亩猛增到40多万亩，每年增收几千万元。可见，农产品的加工也在促进农产品市场的发展，不容忽视。

第七，农产品包装策略。在现代商品社会，包装对商品流通起着极其重要的作用，包装质量直接影响商品能否以完美的状态传输到消费者手中，包装的设计和装潢水平直接影响企业形象乃至商品本身的市场竞争。随着人民生活水平的提高，原有消费习惯和生活方式的改变节奏不断加快。为适应这种变化，包装设计的一项重要任务就是更好地符合消费者的生理与心理需要，通过更人性化的包装设计让人们生活更舒适、更富有色彩。因此在农产品的包装上，我们要制定它的策略，因为选择不同的包装策略将得到不同的包装效果。

第八，农产品绿色化策略。农产品绿色化营销策略是随着严重的环境问题而产生的。所谓绿色营销是指以促进可持续发展为目标，为实现经济利益、消费者需求和环境利益的统一，市场主体通过制造和发现市场机遇，采取相应的市场营销方式以满足市场需求的一种管理过程。目前，各国民众日益重视食品安全，环保意识迅速增强，回归大自然、消费无公害的绿色食品已成为人类的共同向往。绿色农产品有利于增强人民体质，改善生存环境。当今世界，人们对绿色农产品越来越青睐。21世纪之初，我国已全面启动“开辟绿色通道，培育绿色市场，倡导绿色消费”的“三绿工程”。我们要牢牢抓住这一机遇，奏响绿色主旋律，大力发展无公害蔬菜、畜禽和蛋品，发展农产品的绿色营销。

第九，农产品体验营销的策略。农产品与消费者的生活息息相关，它关系消费者的身体健康、人身安全和幸福度等顾客满意指标，产品本身具有的体验价值以及附加值都影响顾客的消费体验。如绿色农产品，不仅代表健康生活体验，还涉及简约时尚体验，甚至上升到爱生活、爱社会的大爱体验，这样的体验本来就是人们生活不可分割的一部分。同时，在实践中还可以提供订制化产品和服务、直接提供产品 DIY 的场所和原料、产品限量发行等，使顾客感到新奇，从而产生购买兴趣。

我国在构建新型农产品营销体系时必须完善相关的政策措施，强化监控力度，建立健全农产品质量安全保障系统。农产品的营销体系，除了确保质量安全之外，还应该做到有序，即竞争公平，信息公开，交易秩序井然，杜绝欺行霸市、不公平竞争的现象。要改善农产品国际竞争地位，必须有意识地树立中国农产品品牌形象，对其进行合理的市场定位，实施农产品品牌和精品战略，改变传统的包装观念，确立农产品绿色营销观念。作为现代营销手段的网络广告，已成为国际营销企业最便捷最有效的促销方式。因此，农产品生产经营者应树立网络营销的竞争观念，利用网络广告等信息媒体，扩大农产品品牌的知名度，增加销售利润。

第二节　农产品质量安全管理与品牌建设

一、农产品质量管理

农产品是一种与人类健康有密切关系的特殊商品，它既具有一般有形产品的质量特性和质量管理特征，又具有其独有的特殊性和重要性。因此，农产品质量管理具有特殊的复杂性，对它的管理涉及从农田到餐桌的全过程，其中任何一个环节稍微出现疏忽，就会影响农产品的质量。

质量管理就是以保证或提高产品质量为目标的管理。质量管理是一个系统工程，包含确定质量方针、目标，确定岗位职责和权限，建立质量体系并通过质量体系中的质量策划、质量控制、质量保证和质量改进来实现所有管理职能的全部活动。

质量管理就是以保证或提高产品质量为目标的管理。产品质量是由过程决定的，它包括：工作质量，即产品研制、生产、销售各阶段输入输出的正确性，尤其是产品规划和立项工作的前瞻性和正确性；设计质量，即设计成熟度；标准化覆盖率及达标率；产品质量，产品的可靠性、不良率；工艺质量，制造的工艺水平等。

质量管理的目的是通过组织和流程，确保产品或服务达到顾客期望的目标，确保公司以最经济的成本实现这个目标，确保产品开发、制作和服务的过程是合理和正确的。

质量管理是一个系统工程，包含确定质量方针、目标，确定岗位职责和权限，建立质量体系并通过质量体系中的质量策划、质量控制、质量保证和质量改进来实现所有管理职能的全部活动。

(一) 质量方针

质量方针是“一个组织的最高管理者正式发布的该组织总的质量宗旨和质量方向”。质量方针是总方针的一个组成部分，体现了组织对质量总的追求和对顾客的承诺，是该组织质量工作的指导思想和行动指南。质量方针必须由最高管理者批准，并正式颁布执行。为了便于全体员工掌握，质量方针通常选用通俗易懂、简明扼要的语言表达。

(二) 质量目标

质量目标是“组织在质量方面所追求的目的”。

最高管理者应确保在组织的相关职能和层次上建立质量目标，并与质量方针保持一致。组织可以在调查、分析自身管理现状和产品现状的基础上，与行业内的先进组织相比较，制订出既先进，又能在近期可实现的质量目标。质量目标应当量化，尤其是产品目标要结合产品质量特性加以指标化，达到便于操作、比较、检查和不断改进的目的。

(三) 质量策划

质量策划是“质量管理的一部分，致力于制订质量目标并规定必要的运行过程和相关资源以实现质量目标”。根据管理的范围和对象不同，组织内存在多方面的质量策划，如质量管理体系策划、质量改进策划、产品实现策划及设计开发策划等。通常情况下，组织将质量管理体系策划的结果形成质量管理体系文件，对于特定的产品，项目策划的结果所形成文件称为“质量计划”。

（四）质量控制

质量控制是“质量管理的一部分，致力于满足质量要求”。

质量控制是通过采取一系列作业技术和活动对各个过程实施控制，包括对质量方针和目标控制、文件和记录控制，设计和开发控制、采购控制、生产和服务运作控制、监测设备控制、不合格品控制等。

质量控制是为了使产品、体系过程达到规定的质量要求，是预防不合格发生的重要手段和措施。因此，组织要对影响产品、体系或过程质量的因素加以识别和分析，找出主导因素，实施因素控制，才能取得预期效果。

（五）质量保证

质量保证是“质量管理的一部分，致力于提供质量要求会得到满足的信任”。

质量保证是为了提供信任表明实体能够满足质量要求，而在质量管理体系中实施并根据需要进行证实的全部有计划和有系统的活动。

质量保证定义的关键词是“信任”，对能达到预期的质量提供足够的信任。这种信任是在订货前建立起来的，如果顾客对供方没有这种信任则不会与之订货。质量保证不是买到不合格产品以后的保修、保换、保退。

信任的依据是质量管理体系的建立和运行。因为这样的质量管理体系将所有影响质量的因素，包括技术、管理和人员方面的因素，都采取了有效的方法进行控制，因而质量管理体系具有持续稳定地满足规定质量要求的能力。

（六）质量改进

质量改进是“质量管理的一部分，致力于增强满足质量要求的能力”。

作为质量管理的一部分，质量改进的目的在于增强组织满足质量要求的能力，由于要求可以是任何方面的，因此，质量改进的对象也可能会涉及组织的质量管理体系、过程和产品，可能会涉及组织的方方面面。同时，由于各方面的要求不同，为确保有效性、效率或可追溯性，组织应注意识别需改进的项目和关键质量要求，考虑改进所需的过程，以增强组织体系或过程实现产品并使其满足要求的能力。

二、农产品品牌的作用

（一）增强产品的竞争力

品牌可充当竞争工具，攻击对手，提高自身的竞争能力。

（二）有利于树立产品的形象

农产品经纪人以特定的品牌名称与标记来说明商品特色，吸引消费者，刺激购买，同时也加强了消费者对产品的记忆，有利于树立产品的形象，培养忠诚的消费者。

（三）有利于保护农产品经纪人的权利

农产品品牌一经注册获得商标专用权，作为注册人的农产品经纪人就对商标享有专用权，其他任何组织或个人未经许可都不得仿冒，有利于保护经纪人的合法权利。

（四）有助于提高农产品的质量

品牌在申请为商标时，需要呈报产品质量说明，作为监督执法的依据。品牌作为商品质量的标志，为了在竞争中取得有利的地位，就要在生产过程中不断地提高产品的质量。

（五）便于消费者购买

品牌相当于农产品的脸谱，代表着农产品的质量、特色，这就使消费者能在短时间内认出他所需要的产品。

（六）有利于保护消费者的利益

农产品有了品牌，有关部门就能对该产品的质量进行监督，一旦出现质量问题，便可以追查当事人的责任，从而保护消费者的利益。

三、农产品品牌的形成

（一）农产品的数量要上规模

农产品要形成自己的品牌，首先要考虑的是农产品的数量是否具有一定的规模。如果规模较小，单位农产品所分摊的品牌建设费用较高，就会使农产品售价增加，降低该农产品的市场竞争力。目前农产品发展的“块状经济”，即所谓的“一村一品”，有利于发展农产品产业集群，在一定程度上为农产品品牌的建设提供必要的条件。

（二）农产品的质量要有保证

在对农产品建立品牌时，一定要考虑当地的农业资源状况，看自己生产或销售的农产品质量到底如何，是否有特色，然后再决定是否有必要为农产品培育一个品牌。

（三）农产品的品牌要注册成商标

因为只有注册商标才受法律保护，所以要将农产品品牌注册成商标，否则辛辛苦苦培育的品牌就有可能为他人作嫁衣裳。

（四）要加强与相关部门的联系

要增强工作的主动性和预见性，加强与工商部门、质检部门的协作，推进农产品商标和证明商标的国际注册，实现知识产权保护。

（五）要加强农产品品牌的营销创新

要积极主动，通过各类展示、展销活动，充分运用各种媒体，推介农产品品牌，宣传农产品品牌，为农产品品牌建设创造良好的氛围。

四、农产品品牌的评选认定

为提高农产品品牌的价值和市场竞争能力，以及在知名度、忠诚度、品牌联想、品质感知和文化内涵等方面的水平，要针对农产品和农产品品牌的本质特征，制定科学而有效的品牌认定办法，建立切实可行的评价指标体系，组织开展省级、国家级农业名牌产品的评选认定，形成一批影响力大、效益好、辐射力强的农产品名牌，带动农业发展、促进农业增效和农民增收。

五、农产品品牌的宣传、推介与消费

品牌宣传、市场推介与消费引导是农产品品牌化工作的重要内容，在农产品品牌开发、培育、认定出来以后，通过报纸、广播、电视、网络等媒体，有计划地策划和组织农产品品牌产品的国内外宣传，通过各种平台开展市场营销，扩大市场知名度，树立农产品品牌的整体形象。同时，对消费者进行正确引导，帮助他们客观地认识我国的农产品品牌，培养健康的消费心理和消费习惯，鼓励消费本地的和我国的名牌农产品。

六、农产品品牌的监督与保护

农产品品牌通过注册、认定，具有明确的主体指向，应当依法予以保护。同时，农产品品牌的质量、信誉和形象的维护也是品牌生命力的基本保证。应健全相关法律、法规，建立相应的管理制度，切实加强品牌质量保证体系与诚信体系建设，纠正各种品牌标志使用的违规行为，严厉打击冒用品牌等各种违法行为，维护农产品品牌的形象，保护农产品品牌主体的合法权益。

七、农产品品牌推广的策略

在对农产品品牌进行推广时，可以采用以下几个策略模式。

（一）口碑传播策略

农产品消费是一种重在品质的消费，而品质只有经过体验才能被感知。感知的效果因人而异，只有满意的顾客才会积极地去为满意的产品做宣传，才能为品牌的推广做贡献。所以，口碑传播便成为推广农产品品牌最有效的手段之一。口碑传播就是让对产品满意的消费者将产品的优良品质传递给他周围的人。口碑传播是平时人们面对面的沟通方式，它是最直接、最高效的沟通手段，容易成为一个“圈子”中一个时间段的谈论话题。它的说服力比广告、公关及其他任何推广方式的说服力都要强，这也是终端推广乃至企业推广的最高境界，即让别人主动为你说好话，让消费者去为你的品牌、产品做推广、做销售，而且不需要付出任何代价。因而，口碑传播可以作为终端推广的一个永恒目标。口碑传播的要领是产品品质确实好。

（二）广告策略

大众传播媒体是农产品品牌推广的主要工具。根据农产品的市场定位确定产品的优势，准确地把握消费者的真正需要，卖点要鲜明，引导和影响他们对农产品的认知、偏好以至最终的选择。一般来说，在进行广告推广时，广告诉求的对象应与产品的目标顾客相一致，广告推广方式应与产品的传播特点相一致，广告推广组合应与目标市场的要求相一致，广告推广应与产品的生命周期同步，并选择目标顾客的最佳接受时间。

（三）公共关系策略

公共关系策略主要是通过塑造企业的形象，提高企业或产品的知名度和美誉度，给公众留下积极美好的印象，间接地促进产品销售的品牌推广方式。适合农产品品牌推广的公关策略主要有以下几种。

第一，主题活动。在重大事件、体育赛事或纪念日，举办庆典、比赛、展览会、演讲等专题活动，加强与公众的沟通，向公众传递企业动态，扩大品牌农产品的影响力。

第二，公益活动。可通过赞助或向教育、环保、公益捐赠的方式赢得公众的好评，建立良好的品牌形象。

第三，媒体报道。新闻、专题报道、现场采访等媒体报道具有较高的权威性、真实性和知识性。

利用公共关系进行促销，虽然见效慢，但对品牌形象的塑造和传播却极为有效，运用巧妙的话，往往能收到事半功倍的效果。

（四）人员推销策略

人员推销是企业的销售人员用面谈的方式，向具有购买欲望的顾客介绍产品、推销产品，实现企业销售目标的销售方式。品牌农产品的推广需要建立强大的推销队伍，企业要重视人员的招聘、培训、评估和激励，并注重人员推销技巧的运用，通过演示和演说积极传递品牌农产品的新信息，建立长期的客户关系。

（五）实地推广策略

由于农产品的品质重在实际体验的特点，因此人们对农产品的天然状态、原产地域很感兴趣，似乎只有原产地的东西才最正宗，因而许多人乐意借旅游、出差、路过的机会到原产地购物，甚至有些人专程到原产地购买产品。所以，利用原产地的优势来进行品牌推广十分重要。由于许多农产品都是地域性的，而目前农产品的组织化程度还较低，品牌保护意识还较淡薄，导致一旦某个地方的农产品出了名，附近的同类产品便会蜂拥而上，以致鱼龙混杂、良莠不齐，制约了农产品品牌企业的长久发展，因此，采用实地推广策略应注意这一点。

八、农产品品牌保护对策

在品牌逐渐被人们重视的今天，对已有品牌进行保护是保持品牌健康发展的重要内容。在对农产品品牌进行保护时，我们可以采用以下一些策略。

（一）加强农产品质量安全建设

"民以食为天，食以安为先"，质量是品牌的生命。如果产品质量有问题，那么它就得不到消费者的认可，就失去了在市场上赖以生存的基础，就不可能成为消费者信赖的名牌产品；如果不重视产品质量，即使是名牌农产品也会被消费者所淘汰。农产品大多是食品，其质量安全直接关系消费者的身体健康甚至生命安全，毫不夸张地说，农产品质量安全是农产品品牌管理的基础。因此，对于农产品质量问题，我们决不可掉以轻心。

切实加强农产品质量安全建设，应从以下3个方面着手。

首先，提高农民生产质量安全意识。要把农产品质量安全建设作为农民培训教育工程的重点内容，通过培训，让农民懂得农产品质量安全的重要性，使其掌握保证农产品质量安全的操作方法和规程。

其次，加快各级农产品质量检测中心建设。精心组织、全面开展更为合理的农产品质量检测工作，加快推进无公害农产品认证制度改革，全面推行农产品合格证制度，全面提高农产品质量水平和市场竞争力。

再次，切实加强对农资市场和农产品市场的监管力度。工商、物价、卫生、质监等有关部门要切实履行职能，一方面指导企业和经营户诚实守信经营，加强质量管理，防患于未然；另一方面，做好对农产品质量的检验和对价格的监测，加强执法检查，发现问题，及时解决，对生产假冒伪劣产品、以次充好的不法企业和业主坚决予以打击。

（二）强化农产品品牌保护意识

对品牌的保护首先要求企业管理人员树立正确的品牌意识。部分企业对品牌保护仍不重视的主要原因有两个方面：一是至今仍没有认识到品牌这一无形资产的价值所在，以及名牌给企业和消费者带来的利益；二是还没有掌握市场经济操作规则和运行机制。

（三）拓展市场自我保护

这是一个更为积极的保护措施。企业可以通过不断地开拓市场，在假冒伪劣者没有占领市场之前就一鼓作气地将产品铺到顾客所能接触的任何地方。这种积极的经营方式，不给造假者以任何造假机会，既抢占了市场又打击了造假者。

第三节　农业产业化经营与管理

在很多人心中农业就意味着农村，而产业化就意味着城镇，虽然这种想法是错误的，但是不得不承认的是这种想法确实反映了一些问题，那就是如果不将农业往产业化的方向发展，那么消除城镇之间差距的难度就会更大，而实现这一目标需要的时间就会更长。因此无论是从推动国家经济发展的角度上来看，还是从消除城乡差距的角度来看，将农业产业化都是一个非常重要的策略。而当这一策略成为必经之路后，就应该考虑怎样让农业产业化的速度更快、效率更高。本节从目前农业产业化的方式入手，探索应该如何对农业产业化经营组织形式进行改革和创新。

一、农业产业化的主要方式

(一) 农户与各大公司、企业相合作

目前有很多的公司都主打健康理念，而他们公司销售的产品通常情况下是一些无添加、无农药或少农药的农业产品，如各种蔬菜、瓜果。而对于大多数的公司或者企业来说，如果想要整个过程都由自身来一手操作、完成的话，其难度是比较大的，并且在此过程中时间和精力以及资金的消耗都是非常大的。除此以外，很多公司的员工以及领导者都更多的是擅长经营和营销，对于整个农业的操作流程却是不够了解的，甚至非常生疏。因此这些公司就选择了和农户相合作的方法，即这些公司或企业负责宣传和销售这一个板块，而农户就负责提供合格的农产品。这也是目前的农业产业化中最为普遍的一种方式。

而在这个合作过程中还有另一种合作模式，那就是公司或者企业所销售的产品是以农户所提供的农产品为原材料，而不是收购来就直接销售的。在这一过程中，农户所提供的农产品的需求量就更大，因为在厂商对原材料的后续加工中还可能会出现一定的损耗。这也是目前农业产业化中运用得比较多的一种方法。

(二) 租赁模式

这种模式就是指农户并不向合作的公司或者企业提供农产品或者原材料，而仅仅只是与公司或者企业签订租赁合同。在合同中签订的年限以内，农户所拥有的一些农田、土地以及农场等资源都归公司或者企业所使用，即公司或者企业在合同租

赁年限内对农户所拥有的土地资源以及其他资源拥有使用权。这种方法对于农户来说是一种比较方便的方法，因为可以更少地付出精力，但是相对而言这种方法也是收益比较低的一种方法。

二、现存模式存在的问题

上述两种模式虽然都是比较好的模式，但是也依然存在一些问题，主要表现在以下两个方面。

第一种模式中就很有可能会因为农户提供的农产品的质量问题而产生纠纷。这里的质量问题有两种情况：一是农户提供的农产品质量确实不合格；二是农户提供的农产品质量是合格的，但是不良公司或者企业强行使其不合格。这样一来农户的利益就不能得到很好的保障，导致农业产业化的进程会非常缓慢。

第二种模式中就会存在一种损耗问题，因为对于土地资源的使用会使土地资源的肥沃程度有所改变，在租赁期以后农户很有可能会因为土地变得贫瘠或者是农场被破坏而与公司或者企业产生纠纷。对于农户来说自身的资源受到了破坏，导致在后续对农田、土地和农场的利用过程中所创造的收益降低，而对于公司或者企业来说经济效益也会有所降低。从整体来看，这也是阻碍农业产业化的原因之一。

三、改革后的农业产业化方法

（一）强强联合

如果公司或者企业是与个体农户来进行合作，那么就有可能出现公司欺压农户的现象。同时也很有可能会出现农户个体的经济水平以及技术水平不达标，导致农产品的质量不达标，进而导致无法按合同向公司或者企业提供合格的农产品。而强强联合就是指公司或者企业与规模相对较大的农场、牧场进行合作。对于规模比较大的农场或者牧场来说，本身的经济基础是足够的。同时这些规模较大的农场和牧场本身也会为了自身的发展而引入比较先进的技术，从而保证其提供的产品是没有质量问题的，或者质量出现不合格的情况的概率极低。这样一来就能够很好地保证公司或者企业的效益。另外，由于农场和牧场的规模本身也比较大，所以公司与其的合作也处于一个良性的公平状态下。这种模式中只要保证农场和牧场能够为公司或者企业提供合格的产品，就能够保证双方的效益都得到比较好的保障，这样双方的合作也会非常愉快且长久，从而对农业产业化的进程产生推动作用。

（二）互相联合，成为更大的合作主体

当多个农户之间产生合作关系以后就会形成一种合作社的形式，与农户个体相比合作社的规模更大，相关的制度也更完善。而当多个合作社相合作时，各自的负责人相互之间就会形成相互的制约关系和促进关系。这样一来就能够保证合作社内部的制度更加健全，同时规模也能够进一步扩大，也有了更多的资金投入以及技术交流，从而使得合作社所推出的产品具有更高的合格率。在这种情况下，联合后的合作社与公司或者企业相合作时就能够推出更多吸引消费者目光、促进消费者消费行为的商品，从而保证在合作过程中，无论是合作社还是公司或者企业，都能够得到更高的利益回报。这样也能够保证合作关系的长久稳定，从而推动农业产业化进程。

(三) 引入现代化技术

在农业发展过程中，绝对不能只是依靠人力来进行生产，因为这样的生产方式不仅效率低，而且质量差。因此，可以在农业发展的过程中，引入现代化的农业技术，在保证农业发展高效率的同时，提高农业产业化的可行性。

主要参考文献

刘丽红，刘云，陈玉明. 2019. 农民教育培训必读［M］. 北京：中国农业科学技术出版社.

沈琼，夏林艳. 2019. 新型职业农民培训读本［M］. 北京：中国农业出版社.